冀中能源峰峰集团二〇一八年科学技术项目资助

冀中能源峰峰集团二〇二〇年科学技术项目资助

"冀中能源峰峰集团梧桐庄矿分布式降温技术系统研发及成果集成研究"项目资助

深井钻孔输冷采区集中降温理论与实践

王文龙　牛清海　韩进忠　魏京胜　刘存玉　　著
郝永军　付京斌　高　涛　孙　猛

中国矿业大学出版社

·徐州·

内 容 提 要

本书针对地面制冷深部开采热害矿井井下降温输冷损失控制难题及其对降温效果的影响问题,提出了地面制冷穿越深地层高效输冷井下降温方案,设计了保温输冷管新型复合结构,构建了基于深地层等效热阻和输冷管温度分布特征的保温输冷管道与周围岩土传热解析模型,结合输冷管力学性能分析和复合渗流地层传热模拟结果,得到了既能满足输冷损失控制又可抵抗应力破坏的深地层长距离保温输冷管的复合结构与工艺技术;表征了充填砂浆抗压和抗拉性能,获得了充填砂浆表面最大主应变场分布规律,建立了 FLAC³ᴰ有限差分模型,开展了长距离复合结构保温输冷管稳定性研究,构建了输冷管内外侧充填砂浆的塑性破坏率和地应力与保温管参数的映射关系,为提升复合结构输冷管防断裂性能提供了理论依据;提出了全风量大焓差集中降温的新思路,基于大焓差降温除湿装置的热湿交换机理,研制了两级喷淋全风量大焓差降温除湿模型实验系统,解决了不同类型大焓差降温除湿性能测试难题,研发实施了适用于工程实践的两级喷淋全风量大焓差降温除湿装置;研发了"地面制冷-深地层长距离钻孔输冷-采区集中降温"矿井降温新技术,解决了深部开采高温矿井降温输冷距离长及输冷损失大的难题,并经现场应用验证了该技术的可行性与高效性。

本书可供矿井降温理论与技术研究、采矿通风与安全、深部地下空间环境控制、工程设计与施工领域的科技工作者、研究生及工程技术人员参考使用。

图书在版编目(CIP)数据

深井钻孔输冷采区集中降温理论与实践 / 王文龙等著.—徐州:中国矿业大学出版社,2022.5

ISBN 978-7-5646-5364-4

Ⅰ.①深… Ⅱ.①王… Ⅲ.①深井钻井—降温—研究 Ⅳ.①TE245

中国版本图书馆 CIP 数据核字(2022)第 067190 号

书 名	深井钻孔输冷采区集中降温理论与实践
著 者	王文龙 牛清海 韩进忠 魏京胜 刘存玉 郝永军
	付京斌 高 涛 孙 猛
责任编辑	李 敬
出版发行	中国矿业大学出版社有限责任公司
	(江苏省徐州市解放南路 邮编 221008)
营销热线	(0516)83885105 83884103
出版服务	(0516)83883937 83884920
网 址	http://www.cumtp.com E-mail:cumtpvip@cumtp.com
印 刷	江苏淮阴新华印务有限公司
开 本	787 mm×1092 mm 1/16 印张 9.5 字数 186 千字
版次印次	2022 年 5 月第 1 版 2022 年 5 月第 1 次印刷
定 价	56.00 元

(图书出现印装质量问题,本社负责调换)

前　言

在深部开采成为常态的情况下，矿井热害已成为制约深部矿井煤炭资源高效开采的主要灾害之一。当前煤矿通常采用冷水对风流降温除湿达到矿井热害治理的目的。随着煤矿采掘深度增加，冷水输送距离亦相应增加，产生了通风距离远、输冷距离长和输冷损失大等问题，致使采区降温效果不佳。针对上述问题，本书以冀中能源峰峰集团梧桐庄矿采区采掘工作面降温为研究对象，提出了"地面制冷-深地层长距离钻孔输冷-采区集中降温"的新思路，通过理论建模与仿真、模型实验、现场实测等手段，开展了深井长距离钻孔输冷采区集中降温理论与应用研究。

本书共分7章。第1章主要介绍了矿井降温的研究现状。第2章针对输冷管与周围岩土传热导致的冷量损失问题，设计了保温输冷管新型复合结构，建立了复合结构保温输冷管内冷水与岩土传热的解析模型，分析了冷水温度随输送时间、水流速度、入口温度和输冷管保温材料的变化规律，得到了在工程应用中可通过降低输冷管外侧的保温砂浆导热系数来有效减少输冷管冷量损失的结论。第3章针对穿越深地层长距离钻孔输冷过程中可能发生的保温输冷管断裂引起的脱层和漏水等问题，通过开展单轴压缩试验和巴西劈裂力学试验表征了充填砂浆抗压和抗拉性能，基于数字图像分析获得了充填砂浆表面最大主应变场分布规律，建立了FLAC^{3D}有限差分模型并开展了不同应力条件下长距离复合结构保温输冷管稳定性研究，构建了输冷管内外侧充填砂浆的塑性破坏率和地应力与保温管参数的映射关系，为提升复合结构输冷管防断裂性能提供了理论依据。第4章针对复杂地层环境下的复合结构保温输冷管参数优化问题，利用COMSOL构建了复合渗流地层输冷管传热模型，研究了3种不同填充物方案下保温输冷管的传热特性。在此基础上，应用构建的复合渗流地层输冷管传热模型研究了渗流区对冷水输送的温升影响。第5章提出了全风量大焓差集中降温的新思路，基于大焓差降温除湿装置的热湿交换机理，搭建了两级喷淋全风量大焓差降温除湿实验系统，开展了不同喷淋压力和冷水温度下喷嘴对喷和顺喷两种方式的降温除湿效果研究，解决了不同类型大焓差降温除湿性能测试难题。而后根据实验结果确定了对喷和顺喷方式下热交换效率及热接触系数的经验公式,计算了热交换效率和热接触系数。第 6 章研发了"地面制冷-深地层长距离钻孔输冷-采区集中降温"的新技术,研制了适用于不同热害矿井热湿环境条件的两级喷淋全风量大焓差采区集中降温装置并开展了现场应用试验,表明新技术具有可行性、实用性和高效性。第 7 章总结了本书的主要研究成果并做出了后续研究展望。

矿山深井热害治理是一项颇为复杂的系统工程,本书仅对梧桐庄矿采区采掘工作面进行了初步的探究,由于赋存环境的复杂性及矿井热害源的多元化,还有诸多问题需要进一步深究。

该书可供矿井降温理论与技术、采矿通风与安全、深部地下空间环境控制及工程设计与施工领域的科技工作者、研究生及工程技术人员参考使用。

由于作者水平有限,本书难免存在疏漏欠妥或错误之处,恳请有关专家和广大读者不吝批评指正。

作　者

2022 年 2 月

目　　录

1　绪　　论

1.1　研究背景与意义

在深部开采已成为常态的情况下,深层地下"高压、高温、高渗透"的复杂环境使矿井深部形成了异常的高温、高湿作业环境[1],对井下作业人员的身体健康、矿井开采的生产效率带来了严重影响,热害已成为煤矿六大灾害之一[2-4]。国内已有60多个金属矿井的工作面风温大于30 ℃[5-6]。我国73.2%的煤炭资源埋藏于大于1 000 m的深层地下,现阶段,在开采深度为500~1 000 m的矿井中,63%的矿井为高温矿井[7-8]。伴随着开采深度的增加,围岩温度急剧上升,高温热害愈发严重[9]。除了在地热作用下的高温围岩及煤体散热,还有地下涌水以及机械化采掘工作面机电设备散热,进一步恶化了采掘工作面热环境。高温高湿的地下热环境,不仅降低了采煤效率,也严重危害了工人的身心健康。湖南湘潭某煤矿经过长期调查统计,得出了在高温矿井中工伤发生频率与工作面温度的关系,如表1-1所示[9-10]。

表1-1　工伤频次与工作面温度的关系

工作面温度/℃	29	30	31	32
工伤频次/(次/千人)	155	231	320	486

但是到目前为止,由于实践中矿井热害成因差异、井下开采方式不同、机电设备配置以及通风系统差异等因素,尚没有较为成熟的矿井降温研究成果可以广泛推广,矿井深部开采过程中采用人工制冷降温措施解决工作面高温热害问题主要依靠实践经验。特别是随着开采深度增加,冷水输送距离亦相应增加,产生了通风距离远、输冷距离长和输冷损失大等问题,深部采掘工作面出现采区整体常年热害现象,单独对采区采掘工作面局部降温已无法解决采区整体热害问题。如邯郸市梧桐庄矿八采区开采水平为

－700～－500 m,局部采深达到 1 000 m,地温为 35～36 ℃,水温为 44 ℃,通风距离为 5.0～10.0 km。该采区采掘工作面空气环境受到围岩散热、空气压缩放热、涌水散热、氧化散热及机电设备散热等因素影响,加之通风距离较远,业已出现常年高温高湿热害现象,采区及工作面进风巷热湿环境伴随季节性变化,呈现冬季热害减轻、夏季恶化的特征,冬季进风 30 ℃、夏季进风达到 35.5 ℃,生产后工作面温度常年超过 30 ℃。按照《煤矿安全规程》有关要求,须进行热害治理。

本书针对该煤矿采区采掘工作面通风距离远、热害成因复杂、降温制冷散热难度大等现状,提出了"地面制冷-深地层长距离钻孔输冷-采区集中降温"的新思路,该降温方式可有效解决井下降温制冷散热难题,有效缩短输冷距离,提高输冷效率,也避免了制冷机组下井且制冷系统维护保养方便。但是地面制取的冷冻水在经管道长距离穿越深地层输冷至井下采区降温过程中,输冷管道与地层之间存在冷量损失,且管路承受重力及水流冲击力产生的挤压应力与剪应力导致管路存在脱层、断裂、漏水等潜在风险。此外,高温采区进风温度较高,需要有效解决大风量、大焓降、低风阻降温除湿难题。因此,本书主要通过研究深井长距离钻孔复合结构保温输冷管冷损失特征、保温输冷管内材料及管路的力学特性、高温矿井采区大焓差降温等特点,开展穿越深地层输冷管道冷损失控制机理与技术、穿越深地层复合保冷结构输冷管道传热与抗压强度特征下的结构优化、适合于高温矿井采区大焓差集中降温的高效降温除湿原理模型实验等研究,建立高温矿井深地层输冷理论模型,分析保温输冷管道整体稳定性,揭示长距离钻孔复合结构保温输冷管冷损失规律及高温矿井采区大焓差集中降温机理,并提出相应的控制对策及有效实施途径,以"深地层高效冷量输送"理念与"采区集中降温"技术为核心构建适用于深部开采高温热害矿井的降温技术体系。研究成果可进一步丰富完善高温矿井降温技术体系和工程实践经验,为类似高温矿井降温除湿提供理论支撑和技术工艺借鉴,对进一步促进深部矿产资源高效安全开发利用具有重要的理论和实践价值。原理示意图见图 1-1。

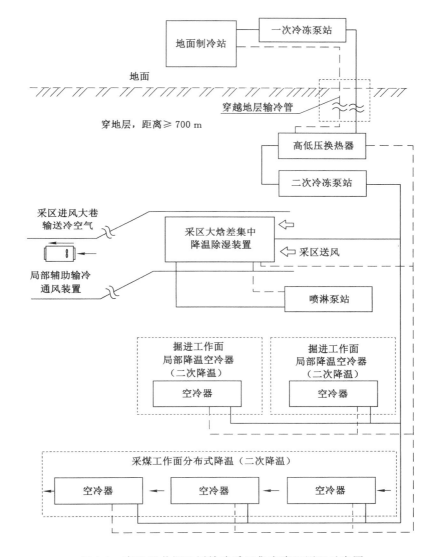

图 1-1 高温矿井深地层输冷采区集中降温原理示意图

1.2 国内外研究现状

伴随矿山开采向深层地下延伸,工作面高温热害问题愈发突出,已成为深部开采必须面对的矿山灾害。针对矿井采掘深度不同,其地质条件、煤层特点、生产规模、开拓布局设计及进度等情况也有所不同,业界专家学者围绕不同的矿井热害成因和热害程度,就解决矿井热害问题进行了大量理论研究与工程实践,取得了良好的社会经济效益。相关成果集中体现在冷量高效输送、采区集中降温技术两方面,可为本书研究的开展提供有益借鉴和支撑。

1.2.1 冷量高效输送研究

作为一项系统工程,矿井热害治理涉及矿山工程、地质地热、空气调节、制冷工程、矿井通风等多学科,运行时的能耗大小还和制冷站的位置及采用的降温方式等相关[11]。矿井集中制冷技术主要有地面集中式、井下集中式和井上井下联合集中式 3 种形式[12]。井下集中式系统冷凝热排放困难,而地面集中式和井上井下联合集中式系统将制冷系统设置在地面上,解决了散热困难的技术问题。但地面集中式制冷系统需要将冷冻水输送到井下,从地面到井下高差大,为避免管道及设备超压,通常设置高低压转换设备,这会导致冷冻水转换过程中产生3~4 ℃的温度损失[13]。更重要的在于,长距离输冷不可避免地导致冷量损失,既造成经济浪费,又影响降温效果。因此,有必要对冷冻水输送管道及设备采取相关保温措施,在保温措施良好的情况下可取得可观的经济效益,一般一年左右可收回材料投资成本[13]。国内外对地面制冷通过管道穿越地层将冷量高效输冷至井下的相关研究较少,有必要开展相关的研究。

1.2.1.1 保冷管道设计的主要问题

保冷管道设计中核心的两个因素是保冷层厚度和保冷材料,它们对整个系统的运行和成本有着直接而显著的影响。如保冷层的厚度设置过薄,则冷量损失会较大,当保冷层外表面温度低于环境露点温度时,引起的冷凝现象会造成保冷层失效或钢管腐蚀;反之,则初期投资太大,回收期限长。故保冷层厚度的合理确定至关重要。此外,保冷材料的导热系数也是一项重要指标,其值越小,隔热效果越好,导热能力越差。

1.2.1.2 保冷管道热力计算

(1)热力计算的简化

计算中,往往通过省略一些对计算影响很小的热阻来对计算过程进行简化[13]。在保冷管道热力计算中,有 4 处热阻可简化:外保护层、防潮层、管道与设备外壁、管道与设备内表面的导热热阻[13]。

(2)保冷管道热阻计算

采用单层保冷层时的导热热阻 R_b 计算式为[14]:

$$R_b = \frac{1}{2\pi\lambda}\ln\frac{d_1}{d_0} \qquad\qquad (1\text{-}1)$$

式中　d_0——钢管外径,m;

　　　d_1——保冷层外径,m;

　　　λ——保冷材料导热系数,W/(m·℃)。

若是双层保冷层,则导热热阻 R_b 计算式为:

$$R_b = \frac{1}{2\pi\lambda_1}\ln\frac{d_1}{d_0} + \frac{1}{2\pi\lambda_2}\ln\frac{d_2}{d_1} \qquad\qquad (1\text{-}2)$$

式中　λ_1——内保冷材料导热系数,W/(m·℃);

　　　λ_2——外保冷材料导热系数,W/(m·℃);

　　　d_2——外保冷层外径,m。

保冷结构与管外空气间的导热热阻 R_w 为:

$$R_w = \frac{1}{\pi d_1 \alpha_w} \qquad\qquad (1\text{-}3)$$

式中　d_1——保冷结构外径,m;

　　　α_w——环境与保冷结构外表面的换热系数,W/(m·℃)。

（3）冷冻水温升计算

冷水与空气传热带来单位长度的管道冷损 q 为[15]:

$$q = (t_2 - t_0)/(R_b + R_w) \qquad\qquad (1\text{-}4)$$

式中　t_2——空气温度,℃;

　　　t_0——管道内冷冻水的温度,℃。

则冷冻水通过长度为 L 的保冷管道,温升计算公式为[15]:

$$\Delta t = (qL)/(Gc) \qquad\qquad (1\text{-}5)$$

式中　L——管道输送长度,m;

　　　G——冷冻水质量流量,kg/s;

　　　c——冷冻水比热容,J/(kg·℃)。

（4）管道单位长度冷损失

管道单位长度冷损失是一个重要参数,可以衡量输送管道的保冷效果,在复核系统的制冷能力时也会用到,其值主要取决于保冷层结构形式、管道规格情况及环境温度高低[15]。

冷冻水管道外一般有保冷结构,分为单层和多层两种情况,可对外界热量进行阻隔,避免设备凝露。目前在矿山深井降温中应用最多的是单层保冷层,其单位长度冷损失为[15]：

$$q = \frac{t_a - t_f}{R_b + R_w} \tag{1-6}$$

式中　q——单位长度管道冷损失，W/m；

　　　　t_a——土壤温度，℃；

　　　　t_f——管道内流体温度，℃；

　　　　R_b——保冷层导热热阻，W/(m·℃)；

　　　　R_w——保冷结构与空气的导热热阻，W/(m·℃)。

1.2.1.3　保冷层厚度的确定

为降低制冷系统的初期投资，减小系统的能耗，需要将冷量输送的损失降到最经济点，核心就是保冷层厚度的确定，其厚度可以分为经济厚度、防结露保冷厚度、允许最大冷损失下保冷厚度等[13]。最基本要求是防止结霜，即环境露点温度小于保冷层外表面温度[13]。

（1）防结露的保冷层厚度

保冷层厚度 X 的计算公式为[16]：

$$(D + 2X)\ln(1 + 2X/D) = \frac{2\lambda_1(t_{db} - t_w)}{\alpha(t_{db} - t_1)} \tag{1-7}$$

式中　D——管内直径，m；

　　　　α——一般取 8.14 W/(m·℃)；

　　　　λ_1——保冷层导热系数，W/(m·℃)；

　　　　t_{db}——管外空气温度，℃；

　　　　t_w——管内平均水温，℃；

　　　　t_1——露点温度，℃。

（2）保冷层厚度确定时应注意的问题

防结露的保冷层厚度为保冷层的最小厚度，小于该厚度将造成外层结露，冷损失增加，但是该厚度与经济厚度不一定一样[17]。研究认为暴露在空气中的保冷管，其防结露的保冷层厚度小于经济厚度[18-19]。制冷空调系统中选择保冷厚度时，要充分考虑经济厚度，以确保系统冷量损失得到有效降低，减少不必要的能源消耗[20]。

此外，保冷层厚度的增加能在一定范围上降低输送冷损失，但当其厚度增加到一定范围后，其隔热作用不再明显提升[14-15,21]。

1.2.1.4　保冷管道材料

导热系数表示保冷材料的热量传递能力大小，其值大小与材料的隔热性能成反比,其与保冷材料本身的水蒸气渗透率、密度和含水率等物理性能有关。此外,导热系数与其材料本身结构及所处的环境温度等因素也有相关性[15]。

保冷材料的井下防潮是必须满足的先决条件;其次是安全使用,加阻燃剂,使聚氨酯在遇井下火灾时不致燃烧放出毒害气体;第三,要保护隔热材料不易损坏,其保护层必须具有一定的强度[22]。此外,结合矿山生产的特点,保冷材料还必须满足运输、施工、安装、维修方便的要求。鉴于上述要求,最常用的保冷材料包括聚苯乙烯泡沫和硬质聚氨酯泡沫。在长距离输冷情况下,具有耐腐蚀、冷损失小和安装方便等特点的 PVC 管在工程应用中具有较好的经济效益,推广前景良好[23]。

1.2.1.5　长距离冷量高效输送应用

赵旭光[24]依托某矿工程实际,研究了在冷冻水从地面通过废弃排水立管向地下输送的情形下深孔冷冻水的传热机理,得出了该情形下的传热模型,推导出了冷冻水在管内的传热系数计算公式,研究成果为工程问题的解决提出了方案。

Gao 等[25]基于矿井热害治理的目的,提出一种地面冷却系统,在该系统中,冷冻水经垂直的埋设管道到达井下工作面的空冷器。其建立了岩土层与长距离垂直埋设的管道之间的传热模型,得出了水温温升及冷损失,并将该结果与实际应用的测量结果进行了对比分析,得出误差在 5% 以内的结论。

Sun 等[26]研究了在地下连续墙中嵌入换热管的技术,其建立了换热管的传热模型,得出了换热管的设计方法及合理参数。其模型和数值模拟的结果误差不大于 2%。模型得出的热交换率的结果与实际的相对误差在运行 10 h 后不大于 6%。

1.2.2　采区降温技术研究

流体力学、工程热力学、地质学、地热学、环境工程和劳动卫生学等学科均与矿井降温的理论基础有关,上述学科的相互渗透交叉形成了矿井降温的基本理论[27]。

16 世纪国外就有文献记载矿井高温现象的出现。此后,诸多研究者[28-54]从实地观测、理论假设、提出数学模型、开展风温预测等方面做了大量研究工作。

进入 20 世纪 80 年代后,矿井降温的理论研究达到一个更高的水平,从各国发表的文献来看[55-74],矿井降温理论侧重于各种关键系数的分析、风温预测、风流流场流动特性研究等。我国从 20 世纪 50 年代开始矿井降温方面的研究,进行了相关的观测、监测,提出了若干模型,出版了若干教材。20 世纪 90 年代开始,我国相关专家、学者围绕热害防治、矿井降温等做了大量的研究工作。在此仅对与本书内容密切相关的高温矿井降温机理、矿井集中降温系统、采区集中降温除湿装置和喷淋式降温除湿装置等方面进行专题研究。

1.2.2.1 高温矿井降温机理研究

对深部热环境来说,最主要的热源是高温围岩。此外,自压缩也可引起风流本身温度升高,温度增加速率约为 1 ℃/100 m。改善深部热环境的有效措施是借鉴民用建筑的通风空调系统,当前的降温方案多围绕冷媒(包括冰、冷冻水等)、冷媒输送及末端空冷器的选型、布置及相应优化展开,通过对风流降温除湿达到改善热环境的目的[75-76]。

Lowndes 等[77]采用㶲分析法分析了矿井降温系统的效能,对英国 Maltby 煤矿深井降温系统热环境进行了预测分析,并评价了制冷系统的运行效果和运行方式。

何满潮等[7,78-79]提出采用矿井恒温层水源作为冷媒的深井开采高温热害控制 HEMS 技术,通过采集恒温水冷量对工作面风流进行降温除湿,对改善工作环境有很大帮助,且节能效果显著。采用地面集中式制冰机组制备冷媒,通过输送管道将冰(冰水混合物)送至末端对风流进行降温,研究者对冰制冷降温机理、输送系统、融冰机理等进行了大量理论与实验研究并取得丰硕成果[80-83]。

岳丰田等[84-86]改进了人工制冷冻水降温系统,优化了多功能机组制冷系统的循环形式。针对矿井的独立供冷系统排热量大、利用率低的现状,提出了一种浅层地热蓄热、矿井降温与变工况热泵的集成系统构想,并在长距离输送冷冻水、大焓差集中降温关键技术等方面进行了相关研究,建立了巷道内充分发展紊流粗糙湿壁面的传热传质理论模型,进行了降温效果预测及冷负荷分析,提高了降温系统设计的可靠性和准确性,成果已经在工程中得到了实际运用。

1.2.2.2 矿井集中降温系统研究

国外于 20 世纪初就将空调技术应用于井下。矿井空调系统应用较早且技术和设备处于领先地位的国家主要有南非、德国、巴西、美国、苏联等。

矿井降温工作在我国开始于 20 世纪 50 年代初,而将矿井空调技术用于矿井热害治理则开始于 60 年代初,早期多采用局部制冷系统。井下集中制冷空调系统试行及相关设备的研制则开始于 80 年代。进入 90 年代,地面集中制冷空调系统和冰冷降温系统相继在一些矿区得到应用。

到 21 世纪,我国矿井空调实践工程和技术发展迅速。目前,最为成熟的矿井热害治理技术是人工制冷水技术,在业界占据主导位置。根据制冷机组安装在矿井中的位置不同,人工制冷水制冷系统一般可分为地面集中、井下集中、井上井下联合集中 3 种形式[12,87-89]。

德国实践表明[90]:制冷负荷 2 MW 以下的矿井最适宜采用分布式;制冷负荷 2 MW 以上的,则建议采用集中式。集中降温的 3 种形式中又以井上井下联合集中式的花费最少,井下集中式的花费最多,地面集中式的花费居中。可见,在经济方面,井上井下联合式最具有优势。而在技术上 3 种集中式系统各有特点:井下集中式的致命问题是冷凝热排放,另外两种集中式则必须使用高低压转换装置,该装置会造成 3～4 ℃的温升[13]。国外发明的一种新型高低压转换装置能将温升降低到 0.2 ℃[90]。

井下冷凝热排放一般有以下 4 种形式:地面制取冷冻水方式、地面冷却塔散热方式、利用矿井工作面回风排风散热方式及利用矿井涌水排水散热方式。

(1) 地面制取冷冻水方式

制冷机组及冷却塔均在井上,冷冻水通过冷量输送管道长距离输送到井下降温装置。该方式输送距离远且井下需要设置高承压的空冷器或高低压换热装置,适合新建矿井或井上有可用的设备、可设置冷冻水立管的矿井。

(2) 地面冷却塔散热方式

制冷机组在井下,冷却塔设置在井上,通过由冷却水立管、冷却水循环水泵及井下高低压换热器等组成的冷却水系统将井下冷凝热排放至地面。该方式需要高低压换热装置或制冷机组内的冷凝器具有高承压能力,适合新建矿井或可设置冷冻水立管的矿井,在矿井井筒中增设冷却水立管或新钻孔设置冷却水管投资费用高,施工难度大。

(3) 利用矿井工作面回风排风散热方式

制冷机组在井下,冷凝热通过矿井下工作面回风散热。矿井工作面回风吸收冷凝热后排放至地面。直接蒸发制冷或制取的冷冻水满足降温需要。该方式适用于有回风可利用的工作面局部降温,如果回风巷内有行人或者设备,或者制冷负荷过大则不适用。

(4) 利用矿井涌水排水散热方式

制冷机组在井下,冷凝热排放至矿井涌水中,利用井下排水将冷凝热排至井上。该方式一般适用于局部降温,制冷负荷过大则不适用。

4 种方式的优缺点如表 1-2 所示。

表 1-2　4 种不同冷凝热排放方式的优缺点

类型	优点	缺点
地面制取冷冻水方式	1. 制冷机组工作环境好； 2. 制冷机组无特殊要求,常规制冷机组即可	1. 冷冻水长距离输送易造成冷量损失； 2. 冷冻水系统投资费用高； 3. 降温系统能效低； 4. 运行费用高
地面冷却塔散热方式	1. 制冷机组散热效率高； 2. 制冷机组能效高	1. 冷却水系统前期投资和运行投入大； 2. 冷却水立管的具体施工及长距离保温工程难度大
利用矿井工作面回风排风散热方式	1. 不需要长距离输冷系统； 2. 冷却水系统简单； 3. 无须高低压转换； 4. 投资低、运行费用低； 5. 能效高	1. 受到具体矿井回风参数影响较大； 2. 散热负荷受限导致制冷负荷不大； 3. 造成工作面回风的温湿度激增,加剧回风巷环境恶化
利用矿井涌水排水散热方式	1. 不需要长距离输冷系统； 2. 冷却水系统简单； 3. 无须高低压转换； 4. 投资低、运行费用低； 5. 能效高	1. 系统制冷负荷大小受矿井排水参数及水质所限； 2. 需要增加矿井排水处理装置； 3. 制冷机组的位置及投入费用与矿井排水位置密切相关； 4. 如排水温度过高,则制冷机组需经过特殊处理

1.2.2.3　采区集中降温除湿装置研究

井下降温系统中空冷器较为常见,其在湿工况状态运行时,可在降温的同时起到除湿的效果,且空冷器可根据出口风温调节进入冷冻水流量大小,达到节能及制冷效果最优化[91]。

目前,水冷式表面空冷器在矿井热害治理中较常采用。其中,光管式空冷器更适用于矿山的复杂环境,其风阻更低,管壁更容易清洗。德国对这种空冷器研究较多,其国内 70% 的矿井降温系统采用该空冷器。此外还有翅片式空冷器,但其在井下极易附着灰尘,导致热交换能力大大降低[92]。

国内孙村煤矿、平煤八矿、新巨龙矿业公司、淮南煤矿等采用降温系统较早,应用经验丰富,也对空冷器开展了诸多研究[93],从实践来看,在冷水管道保冷[94]、空冷器的体积[87]、制造材料质量[95]、配套装置研发[96]等方面还存在诸多问题。目前表面式矿用空冷器的主要研究方向是配套设备加光管式的空冷器[90],但是其中的防尘及清洗问题仍未找到高效的解决方法。程卫民等[97]曾指出矿用空冷器种类少,换热效率偏低且未解决防尘问题,需要加强配套研制来促进矿井空调制冷方式多样化。孙星[98]结合矿井降温工程需要和对空冷器的要求,采用对数平均温差法研制了一种新型空冷器,该空冷器适合矿井复杂环境,在其内部设置了用于去除粉尘的自动喷淋装置,较好地解决了防尘问题。刘彩霞等[99-100]优化了空冷器横向管间距及进风速度,分析了污垢对空冷器换热性能的影响并得到简易热工计算公式,研究得出,外表面的污垢每增厚 0.1 mm,矿井环境温升达 0.3~0.4 ℃。

鉴于光管式与翅片式空冷器存在诸多问题,小型喷淋式空冷器的研究逐渐成为国内外研究人员关注的热点[101]。在这种空冷器中,冷冻水的水滴颗粒可与空气分子全面接触,充分混合,热湿交换效果好。但是喷淋式换热器也有不少缺点,如灵活机动性差、恶化工作条件、冷量损失大及产生了需处理的污水等,故长期未能推广采用[102]。此外,基于工作面对除尘的需要,高能效、可除尘、小型化、可移动喷淋式空冷器已成为研究热点[103]。

杨天麟[104]基于井下特点,研制了适合矿井工作面具体降温需求的可喷淋水雾降温的末端设备,可兼顾降温与除尘两种功能。

杜春涛[105]在总结通用、全热两种交换效率模型的基础上,建立了气水直接接触状态下反映湍流过程中液滴温度变化的水滴换热效率模型,得出了各因素对换热性能、挡水装置的过水量及回风助力的影响规律。

张琳邴[106]总结出不同形式降温设备的优劣,重点对喷淋式降温设备进行了实验研究,利用相似理论搭建了喷淋式降温设备实验台,喷淋式降温设备采用喷淋雾化的方式同时实现了降温和除尘两种功效。

孙瑞玉[107]对喷淋式空冷器的结构特性、传热性能等进行了研究,并对喷水量与喷水温度、进风量和进风温度等因素对换热效果的影响做了分析。

邓鹏[108]对表面式和喷淋式两种空冷器的特点进行了比对,又在采矿工作面对两种空冷器的降温效果进行了实地对比,得出喷淋式空冷器的降温效果更优的结论。

吴增伟等[109]采用雾化喷淋的方式,设计出了具有除尘和降温双重功效的空气冷却装备。

苗德俊等[110]设计了一种采煤工作面降温除湿设备。该装备解决了冷损失严重的问题,具有节能、无污染、除湿液可循环利用等优点,并在唐口煤矿现场应用,对其可行性进行了验证。

张习军[111]介绍了在国外应用较多的一种直接接触式喷淋系统,得出了该喷淋系统的综合效率及预测该系统综合性能评估指标的一种方法。

国内外对大焓差、低风阻、大风量的降温除湿装置的研究较少,特别是大焓差分布式降温除湿技术研究不多。付京斌等[112]针对岳丰田课题组研究的大焓差降温技术在冀中能源峰峰集团有限公司现场的实际应用情况进行了研究,证明喷淋式降温除湿空调很好地解决了矿井热害难题。

1.2.2.4 喷淋式降温除湿装置相关专利

范振忠等于2007年10月30日申请了实用新型专利"矿井回风热能提取装置"[113]。其原理为:冷水被热泵提取热量后,与回风在喷淋室进行充分换热,而后积聚起来再被热泵提取热量,如此反复。

权䣭等于2009年4月16日申请了实用新型专利"矿井回风余热全回收利用装置"[114]。该装置中,矿井回风与三级逆向喷淋的低温冷水进行充分交换,可最大限度地回收余热。

王玉怀等于2010年5月24日申请了实用新型专利"一种矿井回风综合处理扩散塔"[115]。其原理为:矿井回风在扩散塔与喷淋水雾换热,冬季回风温度高作为热源,夏季则作为冷源,可分别用于冬季生活热水或井口防冻及夏季的制冷降温等。

黄炜等[116]于2010年12月23日申请了发明专利"矿用移动式冰蓄冷空调"。该装置拥有可移动的蓄冷箱和制冷箱,可解决矿井热害问题,且低温水可重复用于工作面除尘。

王建学等[117]于2012年12月16日申请了发明专利"一种矿井回风换热器性能检测试验系统及其使用方法"。该发明包含了多参数(温湿度、压力、含尘浓度)的传感器或测试仪,可实现以上参数的精确测量。

王建学等[118]于2013年12月13日申请了发明专利"一种带喷淋除尘的直接蒸发式矿井回风源热泵系统"。该发明可从矿井回风中高效回收热能,用于煤矿夏季制冷和冬季供暖。

王建学等[119]于2015年8月17日申请了发明专利"一种喷淋式矿井回风换热器性能评价指标的确定方法"。该发明可测定喷淋式矿井回风换热器的水侧换热效率和焓效率等性能评价指标,为现场矿井回风换热器的性能测定提供了依据。

牛永胜等[120]于2017年8月14日申请了发明专利"矿井降温与热能利用

的综合系统"。该发明将喷淋式换热系统设置在通风主要通风机出口处,冬季时可回收回风中的余热,夏季时将矿井降温的冷凝热排出,达到节能降耗的目标。

鲍玲玲等[121]于 2018 年 6 月 28 日申请了发明专利"一种自适应控制的矿井回风余热回收供热系统"。该发明应用变频器和参数化调节等控制方法,通过对换热系统、提升系统和供热系统的监控、反馈与调节,能高效地节水与节能,解决了常规装置适应性低的问题,可在变工况下对换热器进行高效调节。

除了以上介绍的 9 个专利外,还有 13 项与直接接触式喷淋热交换系统相关的专利:宋世果等于 2013 年 12 月 19 日申请的专利"矿井乏风余热混合式取热热泵系统"[122];仲继亮于 2014 年 3 月 3 日申请的专利"一种充分利用矿井回风余热的装置"[123];王建学等分别于 2014 年 5 月 12 日、2014 年 12 月 17 日、2015 年 8 月 12 日和 2016 年 1 月 5 日申请的专利"一种低风温工况矿井回风源热泵系统及其运行方式"[124]、"一种流体动力式矿井回风换热器"[125]、"一种煤矿双热源热能利用系统及其运行方式"[126]和"一种矿井回风热能梯级利用系统及其运行方式"[127];吕申磊等于 2014 年 12 月 2 日申请的专利"矿井回风余热回收利用装置"[128];朱晓彦等于 2017 年 12 月 27 日申请的专利"一种自吸喷淋式换热塔与矿风换热联合供暖系统"[129];徐广才等于 2019 年 4 月 11 日申请的专利"一种高效矿井回风间接井筒防冻装置"[130];鲍玲玲等于 2019 年 6 月 28 日申请的专利"一种矿井井口防冻系统"[131];陈学锋等于 2019 年 9 月 24 日申请的专利"矿井回风余热回收利用装置"[132];庞华英等于 2019 年 11 月 1 日申请的专利"一种高效低阻力矿井回风换热器"[133];潘香宇于 2020 年 6 月 15 日申请的专利"一种矿井回风余热全回收利用装置"[134]。

1.2.3　目前研究存在的不足

从国内外已有研究成果来看,研究人员围绕深层输冷传热机理和采区降温技术等方面进行了有益探索和系统研究。但随着开采深度的增加,深部开采矿井激增,生产工作面高温高湿热害也日益突出,同时地下地质情况愈发复杂,热害成因也呈现多样化。从深层输冷及采区集中降温的角度看,当前研究还存在如下不足:

(1)高温矿井深地层输冷传热机理、保温输冷管力学特性等需进一步完善。长距离输冷管道冷损失大,其保冷问题仍未解决。目前仅对输冷管道输冷时和外界的热质交换进行了理论推导,得出了单位长度管道冷水温升和冷损失公式,并分析了左右冷损失的核心因素、保冷层材料及其厚度与冷损失的关系。但是冷冻水流动过程中与周围保温输冷管、地层热质交换的数学模型,冷冻水向下流动过程中冷冻水、外部温度场变化的解析解答,不同时间、进口水温、进口流速、不同保温浆情况下的冷冻水温升情况以及穿越地层保温输冷管承受周围地层应力作用等方面的研究需进一步加强。

(2)采区集中降温除湿机理及设备需进一步研究和提升。综合专利、文献及工程实践,采区集中降温除湿的相关研究成果匮乏,未有十分成熟且值得推广的通用研究成果。在整体降温系统方面,需要进一步简化系统,提高换热效率,减少运行成本;在以喷淋冷水方式对矿井风流降温的大焓差、低风阻、大风量的降温除湿方法的改进及设备的研发方面需加大攻关力度,并需更好地解决空冷器堵塞、防尘和清洗及相关智能配套装置研制等问题。

1.3 主要研究内容

针对深部地下高温、高湿环境,本书以邯郸市梧桐庄矿采区降温工程为背景,基于穿越深地层长距离复合结构保温输冷管传热特性(第2章)、保温输冷管材料力学特性参数测试(第3章)和采区集中降温除湿实验与模拟结论(第4章),研究复杂深地层长距离复合结构保温输冷管冷量损失规律及管道力学稳定性(第2、3、4章)、采区集中降温全风量大焓差降温除湿效率与特性及其适应性(第5章)。根据降温应用情况,提出基于深井长距离输冷矿井集中降温的有效控制策略、关键技术及有效实施途径,构建适合于高温矿井的深地层长距离钻孔输冷采区集中降温技术体系,并开展了现场应用试验(第6章)。

本书的主要研究内容包括以下5个方面。

(1)穿越深地层长深钻孔保温输冷管冷量损失控制机理研究。

地面制冷井下降温冷量输送过程中的冷量损失控制至关重要,直接影响井下降温效果。穿越深地层输冷管冷水冷量损失与管道保温结构及材料导热系数、输冷钻孔围岩温度及地温梯度、进口水温、进口流速以及持续时间等因素密切相关。针对穿越深地层长距离钻孔输冷管输冷过程中与周围地层传热而导致的温升问题,根据地质条件及地温情况,建立描述该问题的理论模型,并求解其解析解,为合理控制冷量损失、优化钻孔输冷管结构以及确保输冷效率提供理论依据。

(2)穿越深地层长深钻孔复合结构保温输冷管材料力学特性与整体稳定性

研究。

在穿越深地层钻孔输冷管传热理论分析基础上优化结构,提出保温输冷管的复合结构,不同结构层除了满足降低冷损失的绝热性能外,其力学性能也至关重要,如果力学性能无法保证输冷管安装后的稳定性,则直接导致钻孔输冷失败。因此,输冷管复合结构内的保温材料力学性能研究同样至关重要。本书通过单轴压缩试验和巴西劈裂试验对深地层复合结构保温输冷管施工中使用的普通水泥浆和泡沫水泥浆在常温下的抗压和抗拉性能进行测试,分析其单轴抗压强度、弹性模量和抗拉强度,对其破坏过程进行了实时监测,分析其表面最大主应变场分布情况。并通过 FLAC^{3D} 有限差分数值模拟软件对保温输冷管在不同地应力条件下的结构整体稳定性进行分析,为后续工程稳定运行提供一定理论依据。

(3) 高温矿井深地层输冷管冷损失数值模拟研究。

基于传热学理论计算分析与输冷管结构优化及复合结构输冷管保温材料力学性能研究,结合既有的地质地温条件,构建保温输冷管与地层数值模型,分析深地层复合结构保温输冷管的传热特性及其冷损失规律,预测分析输冷系统输冷效果。本书通过 COMSOL 进行二次开发,建立保温输冷管二维结构换热分析的热-流耦合数值模型及不同地质条件地层传热数值模型,研究了不同方案情况下保温输冷管的温度扩散机制。在构建的一维管流与岩土层间的三维非稳态传热模型中模拟分析管内流体温度及周围地层的温度演化规律。

(4) 高温矿井采区大焓差降温机理及实验研究。

鉴于本书研究的深部开采高温热害采区整体处于高温热害状态,势必针对采区全风量降温,基于地面制冷穿越深地层长距离钻孔输冷传热与力学性能研究为井下采区全风量降温提供可靠冷源,但是,采区全风量降温具有风量大、降温幅度大、井下空间狭小等特点。因此,采区集中降温除湿空气处理装置应该满足处理风量能力大、降温除湿效率高、风阻小、避免安装井下大型局部通风机等基本要求。本书研究大焓差降温除湿装置的热湿交换机理,建立全风量大焓差冷却除湿装置的实验模型,开展矿井风流降温除湿热质交换热力学原理研究,实验验证适用于热害矿井热湿环境条件及井巷特点的不同类型的大焓差降温除湿装置降温除湿的效果,为地面制冷高效输冷的大焓差降温除湿装置研发及实际工程应用提供理论支撑。

(5) 深部开采高温矿井穿越深地层长距离钻孔输冷采区集中降温技术应用。

基于穿越深地层长距离钻孔输冷与采区集中全风量大焓差降温除湿机理与装备实验研究,针对邯郸市梧桐庄矿实际情况,研究制定穿越深地层长距离钻孔输冷管施工方案,并研制采区集中降温大焓差矿用空气降温除湿装置,结合矿井开采地质、通风等条件进行降温系统关键参数确定与工艺设计及工程实施,通过系统运行验证矿井降温效果及可靠性。

2 深井长距离复合结构保温输冷管冷量损失理论模型构建

深部热害矿井的降温系统需要穿越深地层钻孔安装长距离输冷钢管输冷，输冷管内冷水与围岩之间存在温差传热，使得输冷管内冷水获得热量而逐步升温，则必然使得输水终温升高，如果温升过大，也即意味着冷损失过大、输冷管输冷效率降低，影响井下降温效果。又由于深地层岩土随着深度增加原始岩温升高，导致传热温差增大，冷损失增加。但随着输冷管运行时间延长，输冷管周围岩土被冷却，加之岩土具有热惰性和蓄热能力，则会使得温度高的原岩远离输冷管，则输冷损失又开始降低。可见深地层输冷管保冷结构与绝热性能及其与岩土之间的传热规律研究对降温方案的可行性与降温效果起到关键性作用。本章针对深地层长距离复合结构保温输冷管管路内输冷管及固管填充材料之间、管路与岩土之间的复杂传热问题，初步设计了保温输冷管复合结构，建立传热数学模型，界定影响穿越深地层长距离钻孔输冷管输冷过程中冷量损失的核心因素，优化钻孔输冷管保冷结构，分析不同因素对岩层温升及输水终温的影响与变化规律，为高温矿井深地层输冷井下采区集中降温方案实施提供可靠理论基础。

2.1 工程背景

本章节研究的深部开采热害采区位于邯郸市梧桐庄矿，采区进风巷深度约为739 m，为了减小输冷损失，理论上在井下换热站垂直方向的地面设置制冷站可使输冷距离最短，但该位置对应地面为农田保护区域，不宜设置制冷站，而西北侧450 m处为该矿一处分工业广场，可布置地面制冷站，垂直对应如图 2-1(a)所示。井上制冷站至井下高低压换热站之间的输冷管及其安装钻孔采用斜孔穿越地层，输冷管穿越地层垂直深度约为 630 m，线长度约为 700 m。输冷管除了受具有一定温度分布的地层传热影响造成冷损失，还需要耐受各种应力冲击与破坏。因此，输冷管需要设计成既满足输冷过程中减小传热冷损失的绝热保温需要，又满足应对应力破坏的抗压强度需要的多层复合结构。初步设计复合保温输冷管结构如图 2-1(b)所示，自内向外分别为输冷钢管、固管填充保温泡沫水泥浆层、输冷管保

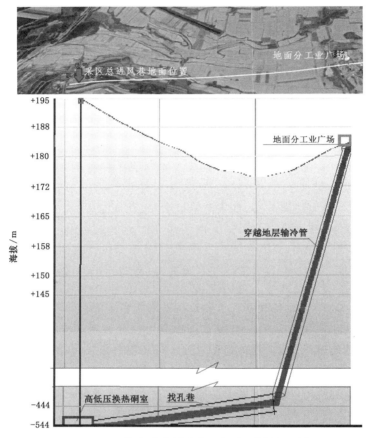

（a）地面工业分广场与井下采区进风巷位置对照图

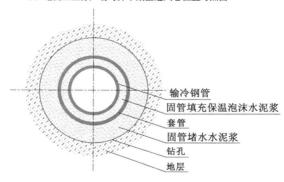

（b）保温输冷管断面图

图 2-1　位置对照图、保温输冷管断面及布置图

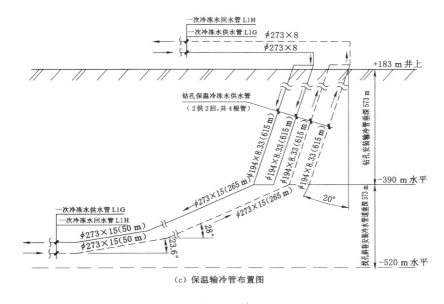

图 2-1 （续）

护套管、固管堵水水泥浆层及钻孔。输冷管分为供水管和回水管,由于冷负荷较大时,输冷管直径较大,势必造成套管和钻孔直径较大,给穿越深地层斜孔钻孔带来巨大难度和风险,同时增加施工周期。因此,输冷系统拟采用 4 趟输冷管道组成,其中 2 趟为供水管、2 趟为回水管,如图 2-1(c)所示。显然,穿越深地层输冷管的传热量直接影响冷水输送过程中的冷损失大小,如果温升过大直接影响井下降温效果。

2.2 理论模型及解答

2.2.1 数学模型

长距离输冷管道穿越深地层输冷过程中,随着深度增加,岩土原始温度自恒温带之下逐渐升高,并考虑输冷管道在降温运行期间不应因地应力变化而损伤甚至遭到破坏,因此,穿越深地层钻孔内不宜直接安装输冷管道,钻孔和径向各层示意图如图 2-2 所示,钻孔内输冷管结构自外向内分别为岩土体、钻孔、钻孔与套管间固管堵水填充浆料、金属套管、套管与输冷管间固管及保冷填充料、输冷金属管。为了简化传热研究,将管内流体到管外地层间传热分成两部分:一部分是钻孔内的传热，主要包括钻孔内的固管堵水水泥浆、保温（冷）水泥浆、管道壁以及内部的流体等；另一部分是钻孔外的传热，主要是钻孔外地层的传热，这部分考虑周围是均质的。钻孔内模型直接按稳态分析，钻孔外模型按照非稳态分析，而两者主要在钻孔壁上建立关联，即需要热流及温度的连续。

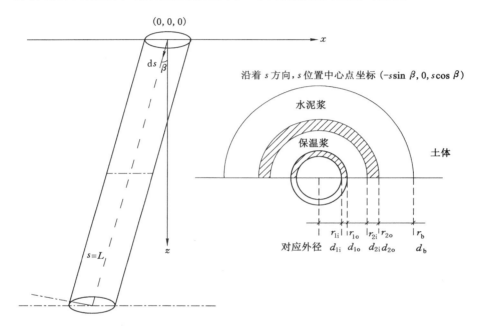

图 2-2　钻孔和径向各层示意图

2.2.1.1　钻孔内模型稳态传热分析

钻孔内模型稳态传热中流体温度只是位置坐标 s 的函数，其沿径向和 s 方向的导热被忽略，而且流体中也近似为稳态，那么可以建立方程：

$$Mc_p \frac{dT_f}{ds} = \frac{T_b(s) - T_f(s)}{R_b}$$ （2-1）

式中　M——管道内的质量流量；

　　　c_p——管道内流体定压热容；

　　　T_f——管内流体温度；

　　　R_b——从管内流体到钻孔壁的热阻；

　　　s——位置坐标；

　　　$T_b(s)$——某一位置处钻孔壁的平均温度，它实际上是随时间变化的，只是简化的认为无论它怎么变，钻孔内都是瞬间建立稳态的。

上式的推导如下:沿着 s 方向取一小段微元 $\mathrm{d}s$,如图 2-3 所示,面积为 A,流速为 u,密度为 ρ,定压热容为 c_p,Δt 为时间间隔。

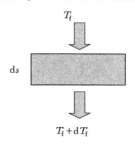

图 2-3　某个 $\mathrm{d}s$ 单元内的能量守恒

Δt 时间间隔内由侧面进入的净能量为:

$$\frac{T_\mathrm{b}(s) - T_\mathrm{f}(s)}{R_\mathrm{b}} \times \mathrm{d}s \times \Delta t \tag{2-2}$$

从上下两个端面的净流出能量为:

$$(T_\mathrm{f} + \mathrm{d}T_\mathrm{f})uA\rho\Delta tc_p - T_\mathrm{f}uA\rho\Delta tc_p = \mathrm{d}T_\mathrm{f}uA\rho\Delta tc_p \tag{2-3}$$

流体的质量流量为 $M = uA\rho$,在稳态时式(2-2)和式(2-3)应当相等,这样就得出式(2-1)。

对于钻孔内的热阻,按照图 2-2 中的各组成部分,它可以写成如下形式:

$$R_\mathrm{b} = R_h + R_\mathrm{p1} + R_\mathrm{b1} + R_\mathrm{p2} + R_\mathrm{b2} \tag{2-4}$$

式中　R_h——管道内流体与壁面的对流换热系数,$R_h = \dfrac{1}{2\pi r_{1\mathrm{i}}h}$,$h$ 为对流换热系数;

R_p1——内管的管壁热阻,$R_\mathrm{p1} = \dfrac{1}{2\pi k_\mathrm{p1}}\ln\left(\dfrac{r_{1\mathrm{o}}}{r_{1\mathrm{i}}}\right)$,$k_\mathrm{p1}$ 为内管管壁导热系数;

R_b1——内外管之间保温浆的热阻,$R_\mathrm{b1} = \dfrac{1}{2\pi k_\mathrm{b1}}\ln\left(\dfrac{r_{2\mathrm{i}}}{r_{1\mathrm{o}}}\right)$,$k_\mathrm{b1}$ 为保温浆导热系数;

R_p2——外管管壁热阻,$R_\mathrm{p2} = \dfrac{1}{2\pi k_\mathrm{p2}}\ln\left(\dfrac{r_{2\mathrm{o}}}{r_{2\mathrm{i}}}\right)$,$k_\mathrm{p2}$ 为外管管壁导热系数;

R_b2——外管到钻孔壁之间的热阻,$R_\mathrm{b2} = \dfrac{1}{2\pi k_\mathrm{b2}}\ln\left(\dfrac{r_\mathrm{b}}{r_{2\mathrm{o}}}\right)$,$k_\mathrm{b2}$ 为外管到钻孔壁间材料导热系数。

孔外部分计算时一般将钻孔内简化为一个简单的热源,例如常见的线热源、实心柱面热源、空心柱面热源,而且可以选择一维、二维热源模型。

根据钻孔内模型,在 s 位置处通过钻孔注入周围土体的热流为 $q_w(s)$,可以表示为:

$$q_w(s) = \frac{T_f(s) - T_b(s)}{R_b} \tag{2-5}$$

根据该热流,结合钻孔外模型,可以得到孔壁温度,该孔壁温度应当与式(2-5)中的孔壁温度相等,这就是温度的连续条件。如果不相等,那么需要更新式(2-5),然后再重新计算孔壁温度,如此反复迭代直至收敛。

对于管外模型,先按最一般的情况进行推导,选择有限长倾斜实心柱面热源,这是一个二维的热源,其他模型诸如无限长实心柱面热源、无限长线热源都是该热源的简化,在后面具体需要简化时再指出。

2.2.1.2 钻孔外模型非稳态分析

对于孔外模型,如图 2-2 所示,假设在孔长坐标 s' 位置处有一个单位瞬时环状热源,作用时刻为 τ,它在 (x,y,z) 点 t 时刻的温度响应即是格林函数 $G(x,y,z,t\,|\,s',\tau)$,那么在有限长倾斜实心柱面热源作用下周围地层的温度响应可以用该格林函数表示为:

$$T(x,y,z,t) - T_g(z) = \int_0^t \mathrm{d}\tau \int_0^L G(x,y,z,t\,|\,s',\tau) q_w(s',\tau)\mathrm{d}s' \tag{2-6}$$

式中　$T_g(z)$——地层初始温度,随 z 变化;

　　　$q_w(s',\tau)$——s' 位置 τ 时刻的热流量。

钻孔壁的平均温度十分重要,将上式在钻孔壁上取值,随后在钻孔壁一周积分。在坐标 s 位置处,管壁一周的位置坐标可以表示为:

$$x = -s\sin\beta + r_b\cos\theta \tag{2-7}$$

$$y = r_b\sin\theta \tag{2-8}$$

$$z = s\cos\beta \tag{2-9}$$

式中　β——钻孔轴线方向与竖直方向夹角;

　　　θ——xy 平面用极坐标表示时的角度坐标,θ 在 $0\sim2\pi$ 变化。

然后在坐标 s 处的钻孔壁温度可以表示为:

$$T_b(s) = \frac{1}{2\pi}\int_0^{2\pi} T(-s\sin\beta + r_b\cos\theta, r_b\sin\theta, s\cos\beta, t)\mathrm{d}\theta \tag{2-10}$$

把式(2-10)代入式(2-6)中可以得到:

$$T_b(s) - T_g(s)$$

$$= \frac{1}{2\pi}\int_0^{2\pi}\int_0^t \mathrm{d}\tau\int_0^L G(-s\sin\beta + r_b\cos\theta, r_b\sin\theta, s\cos\beta, t\,|\,s',\tau)\,q_w(s',\tau)\mathrm{d}s'\mathrm{d}\theta$$

$$\tag{2-11}$$

如果考虑 $q_w(s',\tau)$ 随位置和时间变化,则要反复在钻孔壁面上对温度和热流进行来回迭代,故做一个简化,假设 $q_w(s',\tau)$ 在空间和时间上的变化较小,直接将之设为常数 q_w,这样上式变为:

$$\frac{T_b(s) - T_g(s)}{R_g(s)} = q_w \tag{2-12}$$

将该式命名为地层等效热阻。

式中:

$$R_g(s) = \frac{1}{2\pi} \int_0^{2\pi} \int_0^t \mathrm{d}\tau \int_0^L G(-s\sin\beta + r_b\cos\theta, r_b\sin\theta, s\cos\beta, t \mid s', \tau)\mathrm{d}s'\mathrm{d}\theta \tag{2-13}$$

在物理意义上,$R_g(s)$ 即为在 s 位置地层的热阻,它与钻孔外模型采取的具体形式有关。

2.2.2 模型求解

对于格林函数 $G(x,y,z,t|s',\tau)$,可以从 $(0,0,z')$ 位置处瞬时环状热源的格林函数来推导,如图 2-4 所示,在 $(0,0,z')$ 位置有一个单位瞬时环状热源,半径为 r_{hb},这个格林函数也可以写在极坐标系中,为 $G(r,z,t|0,z',\tau)$。

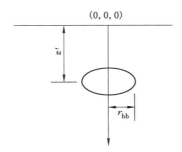

图 2-4 瞬时环状热源示意图

对于该格林函数,它可以通过乘法法则获得,这个乘法法则可以直接代入验证。具体形式如下:

$$\frac{G(r,z,t \mid 0,z',\tau)}{1/(\rho c)} = \frac{G(r,t \mid 0,\tau)}{1/(\rho c)} \times \frac{G(z,t \mid z',\tau)}{1/(\rho c)} \tag{2-14}$$

式中,$G(r,t|0,\tau)$ 为无限大空间中瞬时实心柱面热源的格林函数,可以表示为:

$$\frac{G(r,t \mid 0,\tau)}{1/(\rho c)} = \frac{1}{4\pi\alpha_h(t-\tau)} \exp\left[-\frac{r^2 + r_{hb}^2}{4\alpha_h(t-\tau)}\right] I_0\left[\frac{rr_{hb}}{2\alpha_h(t-\tau)}\right] \tag{2-15}$$

式中,$I_0[\cdot]$ 为修正 0 阶贝塞尔函数。

$G(z,t\mid z',\tau)$ 为无限大空间中瞬时平面热源对应的格林函数,可以表示为:

$$\frac{G(z,t\mid z',\tau)}{1/(\rho c)}=\frac{1}{2[\pi\alpha_v(t-\tau)]^{1/2}}\left\{\exp\left[-\frac{(z-z')^2}{4\alpha_v(t-\tau)}\right]-\exp\left[-\frac{(z+z')^2}{4\alpha_v(t-\tau)}\right]\right\}$$

$$(2-16)$$

根据上面的乘积性质,可以得到:

$$G(x,y,z,t\mid 0,0,z',\tau)=$$

$$\frac{1}{\rho c}\times\frac{1}{4\pi\alpha_h(t-\tau)}\exp\left[-\frac{x^2+y^2+r_{hb}^2}{4\alpha_h(t-\tau)}\right]I_0\left[\frac{\sqrt{x^2+y^2}\,r_{hb}}{2\alpha_h(t-\tau)}\right]\times$$

$$\frac{1}{2[\pi\alpha_v(t-\tau)]^{\frac{1}{2}}}\left\{\exp\left[-\frac{(z-z')^2}{4\alpha_v(t-\tau)}\right]-\exp\left[-\frac{(z+z')^2}{4\alpha_v(t-\tau)}\right]\right\}$$

$$(2-17)$$

所以转化为 s 坐标下的形式为:

$$G(x,y,z,t\mid s',\tau)=$$

$$\frac{1}{\rho c}\times\frac{1}{4\pi\alpha_h(t-\tau)}\exp\left[-\frac{(x+s'\sin\beta)^2+y^2+r_{hb}^2}{4\alpha_h(t-\tau)}\right]I_0\left[\frac{\sqrt{(x+s'\sin\beta)^2+y^2}\,r_{hb}}{2\alpha_h(t-\tau)}\right]\times$$

$$\frac{1}{2[\pi\alpha_v(t-\tau)]^{\frac{1}{2}}}\left\{\exp\left[-\frac{(z-s'\cos\beta)^2}{4\alpha_v(t-\tau)}\right]-\exp\left[-\frac{(z+s'\cos\beta)^2}{4\alpha_v(t-\tau)}\right]\right\}\quad(2-18)$$

对上式整理简化得到:

$$G(x,y,z,t\mid s',\tau)=$$

$$\frac{1}{8\pi^{1.5}k_h\alpha_v^{0.5}(t-\tau)^{1.5}}\exp\left[-\frac{(x+s'\sin\beta)^2+y^2+r_{hb}^2}{4\alpha_h(t-\tau)}\right]I_0\left[\frac{\sqrt{(x+s'\sin\beta)^2+y^2}\,r_{hb}}{2\alpha_h(t-\tau)}\right]\times$$

$$\left\{\exp\left[-\frac{(z-s'\cos\beta)^2}{4\alpha_v(t-\tau)}\right]-\exp\left[-\frac{(z+s'\cos\beta)^2}{4\alpha_v(t-\tau)}\right]\right\}$$

$$(2-19)$$

如按线热源模型考虑,那么环热源格林函数变成点热源,即 $r_{hb}=0$,式(2-19)则转化为:

$$G(x,y,z,t\mid s',\tau)=\frac{1}{8\pi^{1.5}k_h\alpha_v^{0.5}(t-\tau)^{1.5}}\exp\left[-\frac{(x+s'\sin\beta)^2+y^2}{4\alpha_h(t-\tau)}\right]\times$$

$$\left\{\exp\left[-\frac{(z-s'\cos\beta)^2}{4\alpha_v(t-\tau)}\right]-\exp\left[-\frac{(z+s'\cos\beta)^2}{4\alpha_v(t-\tau)}\right]\right\}\quad(2-20)$$

将式(2-19)和式(2-20)代入式(2-13)中,对于有限长倾斜实心柱面热源,其地层热阻为:

$$R_g(s) = \frac{1}{16\pi^{2.5}k_h\alpha_v^{0.5}} \int_0^{2\pi} \int_0^t d\tau \int_0^L \frac{1}{(t-\tau)^{1.5}} \times$$

$$\exp\left[-\frac{(-s\sin\beta + r_b\cos\theta + s'\sin\beta)^2 + (r_b\sin\theta)^2 + r_{hb}^2}{4\alpha_h(t-\tau)}\right] \times$$

$$I_0\left[\frac{\sqrt{(-s\sin\beta + r_b\cos\theta + s'\sin\beta)^2 + (r_b\sin\theta)^2}\, r_{hb}}{2\alpha_h(t-\tau)}\right] \times$$

$$\left\{\exp\left[-\frac{(s\cos\beta - s'\cos\beta)^2}{4\alpha_v(t-\tau)}\right] - \exp\left[-\frac{(s\cos\beta + s'\cos\beta)^2}{4\alpha_v(t-\tau)}\right]\right\} ds' d\theta$$

$$(2-21)$$

对于有限长倾斜线热源,地层热阻变化为:

$$R_g(s) = \frac{1}{16\pi^{2.5}k_h\alpha_v^{0.5}} \int_0^{2\pi} \int_0^t d\tau \int_0^L \frac{1}{(t-\tau)^{1.5}} \times$$

$$\exp\left[-\frac{(-s\sin\beta + r_b\cos\theta + s'\sin\beta)^2 + (r_b\sin\theta)^2}{4\alpha_h(t-\tau)}\right] \times$$

$$\left\{\exp\left[-\frac{(s\cos\beta - s'\cos\beta)^2}{4\alpha_v(t-\tau)}\right] - \exp\left[-\frac{(s\cos\beta + s'\cos\beta)^2}{4\alpha_v(t-\tau)}\right]\right\} ds' d\theta$$

$$(2-22)$$

有了地层热阻的计算方法,可以把地层作为一个整体来分析,通过钻孔壁的热流连续性可以表示为:

$$\frac{T_b(s) - T_g(s)}{R_g(s)} = \frac{T_f(s) - T_b(s)}{R_b} \tag{2-23}$$

应用等比定理,则由:

$$\frac{T_b(s) - T_g(s)}{R_g(s)} = \frac{T_f(s) - T_b(s)}{R_b} = \frac{T_f(s) - T_g(s)}{R_g(s) + R_b} \tag{2-24}$$

那么有:

$$Mc_p \frac{dT_f}{ds} = -\frac{T_f(s) - T_g(s)}{R_g(s) + R_b} \tag{2-25}$$

如果地层热阻 $R_g(s)$ 与 s 无关,式(2-25)是可以直接解析求解出来的,具体情况如下。

以实心柱面热源为例,如果倾角为 $0°$,那么地层热阻项退化为:

$$R_g(s) = \frac{1}{16\pi^{2.5}k_h\alpha_v^{0.5}} \int_0^{2\pi} \int_0^t d\tau \int_0^L \frac{1}{(t-\tau)^{1.5}} \exp\left[-\frac{(r_b\cos\theta)^2 + (r_b\sin\theta)^2 + r_{hb}^2}{4\alpha_h(t-\tau)}\right] \times$$

$$\text{I}_0\left[\frac{\sqrt{(r_\text{b}\cos\theta)^2+(r_\text{b}\sin\theta)^2}\,r_\text{hb}}{2\alpha_\text{h}(t-\tau)}\right]\left\{\exp\left[-\frac{(s-s')^2}{4\alpha_\text{v}(t-\tau)}\right]-\exp\left[-\frac{(s+s')^2}{4\alpha_\text{v}(t-\tau)}\right]\right\}\text{d}s'\text{d}\theta$$

$$(2\text{-}26)$$

此时地层热阻仍然与位置坐标 s 有关。实际上,只有在柱面热源是一维即无限长时,才会获得与 s 无关的地层热阻。

无限大空间中的瞬时环状热源的格林函数为:

$$G(x,y,z,t\mid s',\tau)=\frac{1}{8\pi^{1.5}k_\text{h}\alpha_\text{v}^{0.5}(t-\tau)^{1.5}}\exp\left[-\frac{r^2+r_\text{hb}^2}{4\alpha_\text{h}(t-\tau)}\right]\times$$

$$\text{I}_0\left[\frac{rr_\text{hb}}{2\alpha_\text{h}(t-\tau)}\right]\exp\left[-\frac{(z-s')^2}{4\alpha_\text{v}(t-\tau)}\right] \qquad (2\text{-}27)$$

此时,地层热阻为:

$$R_\text{g}=\frac{1}{2\pi}\int_0^t\text{d}\tau\int_{-\infty}^{+\infty}\text{d}s'\int_0^{2\pi}G(r_\text{b}\cos\theta,r_\text{b}\sin\theta,s,t\mid s',\tau)\text{d}\theta$$

$$=\int_0^t\text{d}\tau\int_{-\infty}^{+\infty}\text{d}s'\frac{1}{8\pi^{1.5}k_\text{h}\alpha_\text{v}^{0.5}(t-\tau)^{1.5}}\exp\left[-\frac{r_\text{b}^2+r_\text{hb}^2}{4\alpha_\text{h}(t-\tau)}\right]\text{I}_0\left[\frac{r_\text{b}r_\text{hb}}{2\alpha_\text{h}(t-\tau)}\right]\times$$

$$\exp\left[-\frac{(z-s')^2}{4\alpha_\text{v}(t-\tau)}\right]$$

$$(2\text{-}28)$$

上式中关于 s' 的积分可以单独拿出来:

$$\int_{-\infty}^{+\infty}\text{d}s'\exp\left[-\frac{(z-s')^2}{4\alpha_\text{v}(t-\tau)}\right]=-\int_{+\infty}^{-\infty}\text{d}(z-s')\exp\left[-\frac{(z-s')^2}{4\alpha_\text{v}(t-\tau)}\right]$$

$$(2\text{-}29)$$

令:

$$\varepsilon=\frac{z-s'}{\sqrt{4\alpha_\text{v}(t-\tau)}} \qquad (2\text{-}30)$$

可以得到:

$$\int_{-\infty}^{+\infty}\text{d}s'\exp\left[-\frac{(z-s')^2}{4\alpha_\text{v}(t-\tau)}\right]=\sqrt{4\alpha_\text{v}(t-\tau)}\int_{-\infty}^{+\infty}\exp(-\varepsilon^2)\text{d}\varepsilon=\sqrt{4\pi\alpha_\text{v}(t-\tau)}$$

$$(2\text{-}31)$$

将式(2-31)代入式(2-28)可以得到:

$$R_\text{g}=\int_0^t\text{d}\tau\frac{1}{4\pi k_\text{h}(t-\tau)}\exp\left[-\frac{r_\text{b}^2+r_\text{hb}^2}{4\alpha_\text{h}(t-\tau)}\right]\text{I}_0\left[\frac{r_\text{b}r_\text{hb}}{2\alpha_\text{h}(t-\tau)}\right] \qquad (2\text{-}32)$$

上面的积分是存在奇点的反常积分,引入 $\varphi=(t-\tau)^{-1}$:

$$R_\text{g}=\int_{t^{-1}}^{+\infty}\frac{1}{4\pi k_\text{h}}\frac{1}{\varphi}\exp\left[-\frac{(r_\text{b}^2+r_\text{hb}^2)\varphi}{4\alpha_\text{h}}\right]\text{I}_0\left[\frac{r_\text{b}r_\text{hb}\varphi}{2\alpha_\text{h}}\right]\text{d}\varphi \qquad (2\text{-}33)$$

如果采用无限长线热源,则对应的瞬态点热源的格林函数为:

$$G(x,y,z,t \mid s',\tau) = \frac{1}{8\pi^{1.5} k_h \alpha_v^{0.5} (t-\tau)^{1.5}} \exp\left[-\frac{r^2}{4\alpha_h(t-\tau)}\right] \times$$

$$\exp\left[-\frac{(z-s')^2}{4\alpha_v(t-\tau)}\right] \tag{2-34}$$

那么,对应的地层热阻为:

$$R_g = \int_0^t d\tau \int_{-\infty}^{+\infty} ds' \frac{1}{8\pi^{1.5} k_h \alpha_v^{0.5} (t-\tau)^{1.5}} \exp\left[-\frac{r_b^2}{4\alpha_h(t-\tau)}\right] \exp\left[-\frac{(z-s')^2}{4\alpha_v(t-\tau)}\right] \tag{2-35}$$

关于 s' 的积分前面就有,故可得到:

$$R_g = \int_0^t d\tau \sqrt{4\pi\alpha_v(t-\tau)} \frac{1}{8\pi^{1.5} k_h \alpha_v^{0.5} (t-\tau)^{1.5}} \exp\left[-\frac{r_b^2}{4\alpha_h(t-\tau)}\right] \tag{2-36}$$

同样,引入新变量 φ 后,可得到:

$$R_g = \int_{t^{-1}}^{+\infty} \frac{1}{4\pi k_h} \frac{1}{\varphi} \exp\left(-\frac{r_b^2 \varphi}{4\alpha_h}\right) d\varphi \tag{2-37}$$

指数积分函数形式为:

$$E_1(z) = \int_z^{+\infty} \frac{\exp(-t)}{t} dt \tag{2-38}$$

式(2-36)的形式与式(2-37)的形式是类似的,定义 $\varepsilon = r_b^2 \varphi/(4\alpha_h)$,则可以得到:

$$R_g = \frac{1}{4\pi k_h} E_1\left(\frac{r_b^2}{4\alpha_h t}\right) \tag{2-39}$$

因为此时 R_g 与位置无关,管道内流体的温度分布可以解析求出,此时有:

$$Mc_p \frac{dT_f}{ds} = -\frac{T_f(s) - T_g(s)}{R_g + R_b} \tag{2-40}$$

上式对应的齐次方程为:

$$Mc_p \frac{dT_f}{ds} = -\frac{T_f(s)}{R_g + R_b} \tag{2-41}$$

该对应的齐次方程可以直接获得解答,通解形式为:

$$T_f(s) = C\exp\left[-\frac{s}{Mc_p(R_b + R_g)}\right] \tag{2-42}$$

式中,C 是一个任意的常数。

推导非齐次方程的一组特解,方法是常数变易法,即假设式(2-39)的一组特解为:

$$T_f(s) = C(s)\exp\left[-\frac{s}{Mc_p(R_b + R_g)}\right] \tag{2-43}$$

将式(2-43)的形式代入式(2-40)，可得：

$$Mc_p C'(s)\exp\left[-\frac{s}{Mc_p(R_b + R_g)}\right] + Mc_p C(s) \times$$

$$\exp\left[-\frac{s}{Mc_p(R_b + R_g)}\right]\left[-\frac{1}{Mc_p(R_b + R_g)}\right]$$

$$= -\frac{1}{R_b + R_g}C(s)\exp\left[-\frac{s}{Mc_p(R_b + R_g)}\right] + \frac{T_g(s)}{R_b + R_g} \tag{2-44}$$

简化后可以得到：

$$Mc_p C'(s)\exp\left[-\frac{s}{Mc_p(R_b + R_g)}\right] = \frac{T_g(s)}{R_b + R_g} \tag{2-45}$$

这样可直接通过积分得到：

$$C(s) = \int_0^s \exp\left[\frac{s}{Mc_p(R_b + R_g)}\right]\frac{T_g(s)}{Mc_p(R_b + R_g)}\mathrm{d}s + C(0) \tag{2-46}$$

原非齐次方程的通解则为：

$$T_f(s) = D\exp\left[-\frac{s}{Mc_p(R_b + R_g)}\right] + \int_0^s \exp\left[\frac{s}{Mc_p(R_b + R_g)}\right]\frac{T_g(s)}{Mc_p(R_b + R_g)}\mathrm{d}s \times$$

$$\exp\left[-\frac{s}{Mc_p(R_b + R_g)}\right] \tag{2-47}$$

最后计算其中的常数 D，根据水流入口条件，可得到：

$$D = T_{f,in} \tag{2-48}$$

式中，$T_{f,in}$ 为管道入口的温度。

这样可得到：

$$T_f(s) = T_{f,in}\exp\left[-\frac{s}{Mc_p(R_b + R_g)}\right] + \left\{\int_0^s \exp\left[\frac{s}{Mc_p(R_b + R_g)}\right]\frac{T_g(s)}{Mc_p(R_b + R_g)}\mathrm{d}s\right\} \times$$

$$\exp\left[-\frac{s}{Mc_p(R_b + R_g)}\right] \tag{2-49}$$

因此，对于孔外完全按照一维的情况进行计算，则可以得出显式的公式，而对于孔外按照二维计算的情形，则可以在管长方向利用有限差分离散求解。

采用有限差分法，管道最上面为第 1 个节点，最下面为第 N 个节点，节点均匀布置，则前面的式(2-25)可以离散表示为：

$$\frac{T_{f,i+1} - T_{f,i}}{\Delta s}Mc_p = -\frac{\dfrac{T_{f,i} + T_{f,i+1}}{2} - T_g\left(\dfrac{s_i + s_{i+1}}{2}\right)}{R_b + R_g\left(\dfrac{s_i + s_{i+1}}{2}\right)} \tag{2-50}$$

上式中 i 表示第 i 个节点,式中微分取在两节点中间,而地层初始温度、地层热阻也取在该中点位置。

令:

$$D_i = \frac{\Delta s}{M c_p} \times \frac{1}{R_b + R_g\left(\frac{s_i + s_{i+1}}{2}\right)} \tag{2-51}$$

故可得到:

$$T_{f,i+1} - T_{f,i} = D_i\left[T_g\left(\frac{s_i + s_{i+1}}{2}\right) - \frac{T_{f,i} + T_{f,i+1}}{2}\right] \tag{2-52}$$

这样可得到迭代公式:

$$T_{f,i+1} = \frac{1}{1 + D_i/2}\left[D_i T_g\left(\frac{s_i + s_{i+1}}{2}\right) - D_i\frac{T_{f,i}}{2} + T_{f,i}\right], i = 1, 2, \cdots, N - 1 \tag{2-53}$$

$$T_{f,1} = T_{f,in} \tag{2-54}$$

要想用该离散递推式求得出口温度,需要确定 D_i,也即要确定地层热阻。

地层热阻根据式(2-21)进行计算,用新的变量 φ,式(2-21)变为:

$$R_g(s) = \frac{1}{16\pi^{2.5} k_h \alpha_v^{0.5}} \int_0^{2\pi} \int_{t^{-1}}^{+\infty} \frac{1}{\varphi^{0.5}} \mathrm{d}\varphi \times$$

$$\int_0^L \exp\left\{-\frac{[(-s\sin\beta + r_b\cos\theta + s'\sin\beta)^2 + (r_b\sin\theta)^2 + r_{hb}^2]\varphi}{4\alpha_h}\right\} \times$$

$$I_0\left[\frac{\varphi\sqrt{(-s\sin\beta + r_b\cos\theta + s'\sin\beta)^2 + (r_b\sin\theta)^2}\, r_{hb}}{2\alpha_h}\right] \times$$

$$\left\{\exp\left[-\frac{\varphi(s\cos\beta - s'\cos\beta)^2}{4\alpha_v}\right] - \exp\left[-\frac{\varphi(s\cos\beta + s'\cos\beta)^2}{4\alpha_v}\right]\right\} \mathrm{d}s'\mathrm{d}\theta \tag{2-55}$$

上面的三重积分实际上是较难运算的,故对角度 θ 的积分简化为 n 个点的平均值,实际上相当于钻孔壁的积分平均温度由几个点的平均值确定,公式改为如下形式:

$$R_g(s) = \frac{1}{8\pi^{1.5} k_h \alpha_v^{0.5}} \int_{t^{-1}}^{+\infty} \mathrm{d}\varphi \times$$

$$\int_0^L \sum_{i=1}^n \frac{1}{\varphi^{0.5}} \exp\left\{-\frac{[(-s\sin\beta + r_b\cos\theta_i + s'\sin\beta)^2 + (r_b\sin\theta_i)^2 + r_{hb}^2]\varphi}{4\alpha_h}\right\} \times$$

$$I_0\left[\frac{\varphi\sqrt{(-s\sin\beta + r_b\cos\theta_i + s'\sin\beta)^2 + (r_b\sin\theta_i)^2}\, r_{hb}}{2\alpha_h}\right] \times$$

$$\left\{ \exp\left[-\frac{\varphi(s\cos\beta - s'\cos\beta)^2}{4\alpha_v} \right] - \exp\left[-\frac{\varphi(s\cos\beta + s'\cos\beta)^2}{4\alpha_v} \right] \right\} ds'$$

$$(2\text{-}56)$$

2.3 各因素影响算例分析

本节主要对不同条件下管道穿越地层时的温度变化情况做计算分析,主要考虑的影响因素为时间、进口水温、水泥浆导热系数及水流速度。表 2-1 给出了计算所需的通用计算参数,包括管道倾角、管道长度、钻孔及管道径向尺寸、地温情况、入口水温、管内流体对流换热系数、钻孔内各导热系数、地层参数、管内水流速度。在本章的计算中,如果参数没有另外做出说明,采用的即为表 2-1 中的参数,如另附说明,则是更新后的参数。

表 2-1   计算参数

参数名称	取值情况
管道倾角	$\beta = 10°$
管道长度	$L = 700$ m
钻孔、管道径向尺寸	$r_{1i} = 0.097$ m,$r_{1o} = 0.105\,33$ m,$r_{2i} = 0.209\,33$ m,$r_{2o} = 0.221\,33$ m,$r_b = 0.29$ m
地温情况	70 m 以内 20 ℃,70 m 以上按每 100 m 增加 3 ℃
入口水温	5 ℃
管内流体对流换热系数	10 W/(m² · K)
钻孔内各导热系数	$k_{p1} = 4.0$ W/(m · K);$k_{b1} = 0.5$ W/(m · K);$k_{p2} = k_{p1}$;$k_{b2} = 0.8$ W/(m · K)
地层参数	$k_h = 2.5$ W/(m · K);$k_v = 2.5$ W/(m · K);$c_V = 2.5 \times 10^6$ W/(m³ · K)
管内水流速度	2 m/s

2.3.1   不同时刻

图 2-5 给出了不同时刻水温随沿管道距管道口距离变化曲线,所采用的参数均为表 2-1 中的参数。

从图中可以看出,管道内的水温是随着流动距离的增加而升高的,因为在流动过程中,有热量从周围地层传递到管内流体中。在 1 h 时,流体温升最高,约 0.15 ℃,而随着时间的增加,该温升是逐渐减小的,输水运行 100 h,解析计算温升约为 0.12 ℃,长期稳定运行后温升约为 0.08 ℃。这是因为在开始阶段地层

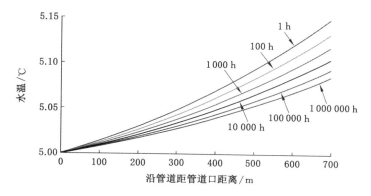

图 2-5　不同时刻水温随沿管道距管道口距离的变化曲线

温度较高,从周围地层流向管内流体的热量较多,因而导致温升较高;随着运行时间延长,输冷管钻孔及其周围岩土体被冷却,原始岩温离输送冷水管渐远,故而输水终温温升减小。

从 10 000 h(1.14 年)变化到 100 000 h(11.4 年)的温升降低与从 100 000 h(11.4 年)变化到 1 000 000 h(114 年)的温升降低大小基本接近,这说明随着时间的推移,沿管道的温升变化率是逐渐减小的,变化到最终的 114 年已经可以视为稳态。

2.3.2　入口温度

图 2-6 给出了不同入口温度时管内流体温度随距管道口距离变化的曲线,所选择的入口温度分别为 3.0 ℃、3.8 ℃、6.0 ℃、7.0 ℃。

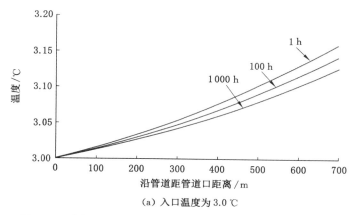

（a）入口温度为 3.0 ℃

图 2-6　不同入口温度下管内流体温度随距管道口距离的变化曲线

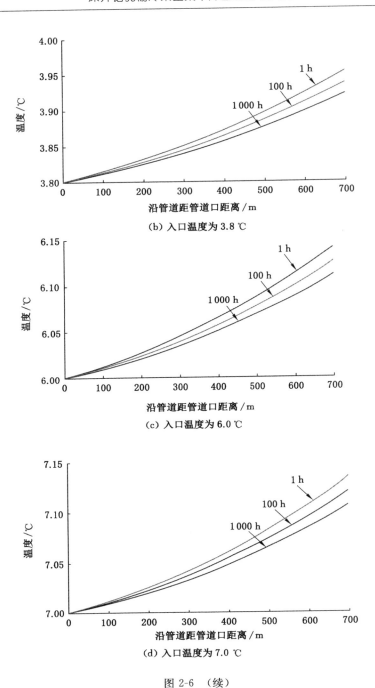

(b) 入口温度为 3.8 ℃

(c) 入口温度为 6.0 ℃

(d) 入口温度为 7.0 ℃

图 2-6 （续）

从图中可以看出,不同入口温度下管内流体温度随距管道口距离的变化趋势基本是相同的。从 1 h 变化到 100 h 温升的降低与从 100 h 变化到 1 000 h 温升的降低基本接近,这说明温升随时间的衰减逐渐变缓。

对比同一时刻不同入口温度下的曲线可知,随着入口温度的升高,同一时刻管道末端的温升略有下降。这是因为管道内的温度升高后,从周围土体到管内流体的传热温差减小,因而相同时长从管外土体到管内流体的热流降低,故管内流体的温升变小。

2.3.3　流速

图 2-7 给出了不同时刻,在不同进水流速的情形下,管内流体温度分布随管长的变化特征,所给出的时刻分别为 1 h、100 h、10 000 h,所考虑管内流速分别为 1.0 m/s、1.6 m/s 和 2.0 m/s。

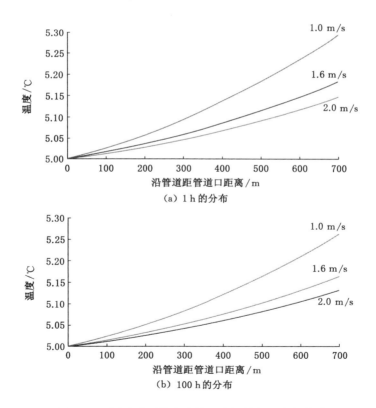

图 2-7　不同流速下管内流体温度沿管长的变化曲线

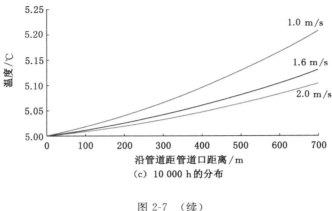

（c）10 000 h的分布

图 2-7 （续）

从图中可以看出,管内流速对流体沿管长温度变化的影响比较明显,随着管内流速的增大,同一时刻沿管长的温升有所降低。需要说明的是,管内流速提高后也会增加管道内壁的对流换热系数,结合对流换热系数随水的流速变化的公式,也可以考虑该影响。

随着管内流速的增加,流动过程中尽管单位时间内从周围土体向管内传递的热流不变,但流体在较短的时间内就流动到管道另一端,因此其吸收的总热量会减少。对比 1.0 m/s 的流速和 2.0 m/s 的流速,不同时刻后者的温升均较小,这就是由于后者流体快速到达了另一端而导致吸收的总热量减少。

2.3.4　保温浆导热系数

图 2-8 给出了不同时刻不同保温浆导热系数对管道内流体温度变化的影响,所选择的 3 个时刻分别为 1 h、100 h 和 10 000 h,而所选择的不同保温浆导热系数分别为 0.8 W/(m·K)、0.5 W/(m·K) 和 0.2 W/(m·K),其中 0.8 W/(m·K) 和最外层水泥浆的导热系数是相同的,也就是普通水泥浆的导热系数。从图中可以看出,随着最内层保温浆导热系数的减小,管道流体温升逐渐降低。这是由于最内层保温浆导热系数减小导致热阻 R_{b1} 增大,从而导致管道周围总的热阻增大,管道周围保温效果变好,管道内流体温升降低。

不同时刻、不同保温浆导热系数时管道内流体出口温度如表 2-2 所示。由表可见,在 1 h 时,保温浆导热系数为 0.8 W/(m·K) 时出口水温为 5.180 7 ℃,保温浆导热系数为 0.2 W/(m·K) 时出口水温为 5.085 1 ℃,两者相差 0.095 6 ℃。在 100 h 时,保温浆导热系数为 0.8 W/(m·K) 时出口水温为 5.158 9 ℃,保温浆导热系数为 0.2 W/(m·K) 时出口水温为 5.079 3 ℃,两者相差 0.079 6 ℃。在 10 000 h

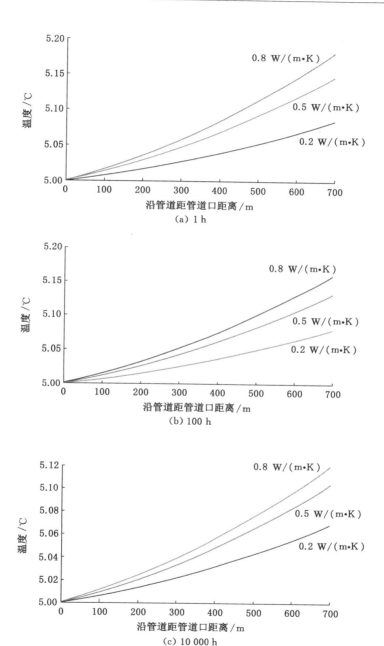

图 2-8 不同保温浆导热系数对管内流体温度的影响

时,保温浆导热系数为 0.8 W/(m·K)时出口水温为 5.119 7 ℃,保温浆导热系数为 0.2 W/(m·K)时出口水温为 5.068 0 ℃,两者相差0.051 7 ℃。

表 2-2   不同时刻、不同保温浆导热系数时管道内流体出口温度

导热系数/[W/(m·K)]	时间/h	流体出口温度/℃
0.2	1	5.085 1
0.2	100	5.079 3
0.2	10 000	5.068 0
0.5	1	5.147 5
0.5	100	5.132 1
0.5	10 000	5.103 8
0.8	1	5.180 7
0.8	100	5.158 9
0.8	10 000	5.119 7

2.4   本章小结

（1）本章针对输冷管与周围岩土传热导致的冷量损失问题,设计了保温输冷管新型复合结构,建立了复合结构保温输冷管内冷水与岩土传热的解析模型,分析了冷水温度随输送时间、水流速度、入口温度和输冷管保温材料的变化规律。研究结果为优化冷水输送参数和复合结构输冷管充填材料提供了理论依据。

（2）结果表明,管内冷水温升随输送时间推移先急剧升高后逐渐减小并趋于稳定。在 1 h 时,流体温升最高,约为 0.15 ℃,而随着时间的增加,温升逐渐减小,随着输冷管钻孔及其周围岩土体被冷却,原始岩温离输送冷水管渐远,输水终温温升减小,如输水运行 100 h,解析计算温升约为 0.12 ℃,长期稳定运行后温升约为 0.08 ℃。增加入口水温,输冷管末端出口冷水温升略有下降。增加管内冷水流速或降低保温砂浆导热系数,管内水温温升沿管长有所降低。鉴于输冷管冷水入口水温与水流速度由矿井降温技术需要决定,在工程应用中可通过降低输冷管外侧的保温砂浆导热系数来有效减少输冷管冷量损失。

（3）通过计算分析,得出在未做任何保温措施情况下,钻孔直接安装输冷管道运行起始阶段,冷水与原始岩温层之间距离较近、传热系数较大,冷损失较大。

而采用设计的套管与钻孔之间充注固管堵水普通水泥浆、套管与输冷管之间充注保温泡沫水泥浆的新型复合结构保温输冷管,可得到较好的绝热保温性能,有效保证了运行起始端穿越深地层输冷管输冷效率,如计算分析显示输冷运行100 h 时,保温浆导热系数为 0.8 W/(m·K)温升为 0.16 ℃,保温浆导热系数为0.5 W/(m·K)温升为 0.13 ℃。

3 深井长距离复合结构保温输冷管材料力学特性与整体稳定性研究

高温矿井井下降温深地层长距离复合结构保温输冷管除了考虑控制输冷冷量损失外,还应考虑钻孔与套管间的固管堵水充填材料及套管与输冷水管道间的保温材料的抗压、抗拉等力学性能以及承受套管、输冷管、固管堵水材料、保温材料及输冷冷水等重力及水击产生的挤压应力与剪应力,以确保穿越深地层钻孔内套管及长距离输冷管稳定可靠性。不考虑套管间材料的力学特性,穿越深地层长距离钻孔输冷过程中可能发生保温输冷管断裂引起的脱层和漏水等问题,导致工程失败。本章以岩石力学理论与力学实验为基础,为邯郸市梧桐庄矿高温采区降温输冷钻孔、套管及长距离输冷管道之间拟选取适合注浆施工的固管堵水水泥浆和保温泡沫水泥浆,并进行试注浆取样以测试常温下的固管堵水水泥浆及保温泡沫水泥浆试块的抗拉与抗压力学特性。在优化选用材料的力学实验参数基础上,采用数值模拟探讨穿越深地层长距离复合结构保温输冷管道整体稳定与可靠性,为穿越深地层输冷管道设计、安装与运行安全性提供理论保障,为深部开采高温热害矿井地面制冷穿越深地层长距离输冷井下采区集中降温技术体系的构建提供力学安全支持。

3.1 长距离保温输冷管布置与钻孔结构

鉴于深地层输冷管除了受地层地温传热造成冷损失之外,还要耐受各种应力冲击与破坏,需要具有一定的机械强度,故设计了多层复合结构以满足绝热保温与强度需要。复合保温输冷管断面结构如图 2-1(b)所示,自内向外分别为输冷钢管、固管填充保温泡沫水泥浆层、输冷管保护套管、固管堵水普通水泥浆层及钻孔。其中不同结构层主要功能也有所差别:内层输冷管主要负责输送冷水并具有一定机械强度,以承受内层水压力与自身重力及冲击力作用与破坏;输冷管与套管间的水泥浆层主要功能是绝热保温、降低输冷损失,同时应具有一定的抗压强度和抗拉强度,承受冷水管与冷水重力及自身重力作用下产生的压应力和拉应力破坏;套管起到对内层保温泡沫水泥浆及内层输冷管的支撑与保护作用,同时承受外层固管水泥浆层的挤压力作用;最外层水泥浆层主要起到固定套管和对含水地层的注浆堵水作用,承受地应力、自身重力及内层套管与各层重力和传递来的应力作用。综合可见,穿越深地层输冷井下降温钻孔与套管、套管与输冷管道之间的固管与保温材料,除了承受自身重力之外,还要承受管道和冷水重力、冷水流动冲击力及地层变化应力,特别是固管与保温材料必须具有足够的强度抵抗来自上述复合结构及材料重力与冲击力产生的压应力和剪切力破坏,以确保复合保温结构输冷管路输送冷水的运行稳定和安全可靠性。

3.2　钻孔内材料单轴抗压和抗拉试验分析

本节通过材料力学试验研究输冷管内固管与保温材料的应力状态(单轴压缩和单轴拉伸),对充填材料普通水泥浆和泡沫水泥浆的单轴抗压和抗拉特性进行分析,为复合保温输冷管路的安全稳定性分析评价提供依据。

3.2.1　试验设备与试样

为了研究穿越深地层输冷管的固管堵水水泥浆(后文简称"普通水泥浆")和保温泡沫水泥浆(后文简称"泡沫水泥浆")硬化后的抗压性能和抗拉性能,从输冷管试钻试验现场取样后取芯制备了如图 3-1 所示的试样,用来进行单轴压缩试验和巴西劈裂试验。本次试验使用 DNS100 电子万能试验机对普通水泥浆试块和泡沫水泥浆试块的单轴抗压和抗拉力学特性进行测试。该万能试验机的最大加载力为 100 kN,试验力示值相对误差为±0.5%。在试验过程中,采用位移控制加载,加载速率为 0.18 mm/min,使用高速相机对试样的断裂破坏过程进行实时拍摄,后期可以通过数字图像相关手段分析试样表面应变场分布,具体实验设备布局见图 3-2。在进行加载试验前,为了使用数字图像相关手段分析,需要预先对试样进行散斑处理,如图 3-2 所示。

本书借助数字图像相关方法,定量研究压缩作用下材料的应变场演化过程。由于标准圆柱体试样不利于全场应变的量测,因此试样选取高、宽、厚分别为 50 mm、30 mm 和 20 mm 的板状试样。

3.2.2　试验结果与分析

3.2.2.1　充填材料的单轴抗压特性

在试验开始之前,首先通过游标卡尺和电子天平得到水泥试样的几何尺寸和密度,如表 3-1 所示。

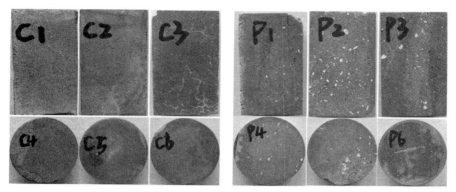

（a）普通水泥浆试样　　　　　　　　（b）泡沫水泥浆试样

图 3-1　普通水泥浆和泡沫水泥浆试样

图 3-2　单轴压缩和巴西劈裂试验设备布置

表 3-1　充填材料单轴压缩试验的物理和力学参数

编号	试样	高度 /mm	宽度 /mm	厚度 /mm	密度 /(g/cm³)	单轴抗压强度 /MPa	弹性模量 /GPa
C1	普通水泥浆	49.08	29.32	20.08	1.78	27.92	2.58
C2	普通水泥浆	50.02	30.10	20.40	1.74	28.47	1.82

表 3-1(续)

编号	试样	高度/mm	宽度/mm	厚度/mm	密度/(g/cm³)	单轴抗压强度/MPa	弹性模量/GPa
C3	普通水泥浆	50.04	30.19	20.60	1.73	24.46	1.81
P1	泡沫水泥浆	49.60	29.68	20.79	1.29	10.36	1.69
P2	泡沫水泥浆	49.81	30.10	20.45	1.14	7.34	1.31
P3	泡沫水泥浆	49.12	30.20	20.39	1.35	14.53	1.41

依据试验操作规范进行,得到普通水泥浆和泡沫水泥浆试样的单轴压缩应力应变曲线,见图 3-3。

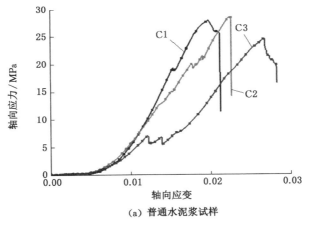

(a) 普通水泥浆试样

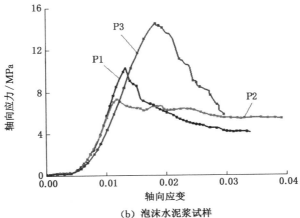

(b) 泡沫水泥浆试样

图 3-3 单轴压缩应力应变曲线

由普通水泥浆的单轴压缩应力应变曲线可以看出,普通水泥浆试样的单轴抗压强度差别不大;峰值应变均小于3%,为脆性材料;应力应变曲线均有明显的屈服阶段,试样内部微裂隙稳定发育,试样 C1 和 C2 的屈服阶段约在应力为20 MPa 左右,而试样 C3 在应力为 5 MPa 附近即出现屈服的特征;3 个试样在应力达到峰值后均很快失去抵抗能力,表现出典型的脆性材料的特点。

由泡沫水泥浆的单轴压缩应力应变曲线可以看出,泡沫水泥浆试样的单轴抗压强度差别较大,P1、P2 和 P3 试样的屈服应力分别为 10.36 MPa、7.34 MPa 和 14.53 MPa,离散性较大;峰值应变均小于 2%,脆性强于普通水泥浆;应力应变曲线均没有明显的屈服阶段;3 个试样在应力达到峰值后并未完全失去抵抗能力,尤其试样 P2 表现出典型的塑性材料特征。

根据单轴压缩试验应力应变曲线,可以求得普通水泥浆和泡沫水泥浆的单轴抗压强度和弹性模量,具体数值见表 3-1,充填材料单轴抗压强度和弹性模量柱状图如图 3-4 所示。

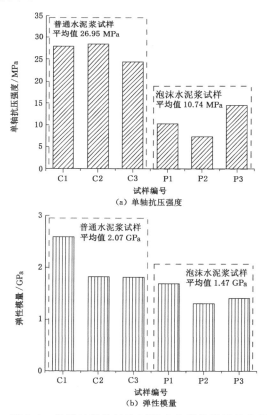

图 3-4　充填材料单轴抗压强度和弹性模量柱状图

由图 3-4 可以看出,普通水泥浆试样的单轴抗压强度均高于泡沫水泥浆,且普通水泥浆试样的单轴抗压强度均高于 24.45 MPa,分布较均匀;泡沫水泥浆试样的单轴抗压强度分布较离散,P3 试样的单轴抗压强度约为 P2 的 2 倍。普通水泥浆试样的弹性模量大于泡沫水泥浆,但不如泡沫水泥浆分布均匀。

充填材料的应力应变曲线是试样内部裂缝扩展规律的表现,是宏观破坏形态的一种表征形式。下面对充填材料单轴压缩破坏形态和宏观破坏形态的演化过程做进一步分析。

图 3-5 给出了普通水泥浆和泡沫水泥浆试样的单轴压缩破坏形态。由图可以看出,普通水泥浆的单轴压缩破坏的裂纹为张裂型,各裂纹近似与轴线平行,为典型脆性材料的拉伸破坏,这是由于在单轴压应力的作用下,在横向产生拉应力,为泊松效应的结果,破坏是因横向拉应力超过普通水泥浆的单轴抗拉极限造成的;泡沫水泥浆的单轴压缩破坏的裂纹呈 X 形和单斜面型,这两种破坏均是由破坏面上的剪应力超过极限引起的,为剪切破坏,由于为单轴压缩状态,因此称为压剪破坏。

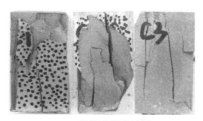 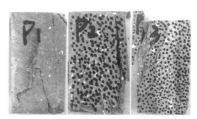

(a) 普通水泥浆试样　　　　　　　　　(b) 泡沫水泥浆试样

图 3-5　充填材料单轴压缩破坏形态

通过数字图像相关技术对单轴压缩试验过程中高速相机拍摄的照片进行分析,得出了充填材料在单轴压缩作用下最大应变的演化过程,如图 3-6 所示,由左往右、由上往下分别是 50%峰值应力、80%峰值应力、90%峰值应力、100%峰值应力和峰后的单轴压缩试样表面最大主应变分布。由图 3-6 可以看出,普通水泥浆在单轴压缩状态下,随着加载的进行,最大应变从试样的右下端逐渐发育,最大应变仅为 2%;当应力超过一定值后,试样右上部分应力集中,并不断发育;最终在试样中心轴出现应变均值最大的一条带区域,试样发生破坏。这与前面关于普通水泥浆的应力应变曲线和破坏形态中的分析结果相一致,即普通水泥浆材料为脆性材料,破坏为典型的脆性拉伸破坏。值得说明的是,由于数字图像相关技术的算法是依据图像照片像素点的移动,在试验中后期单轴压缩试样有的表面散斑脱落,故影响了计算的精度,实际岩样最大主应变无法达到 15%。

泡沫水泥浆在单轴压缩状态下,初始时刻在试样上部的左右两端出现两条较大应变区域带,随着应力的不断加大,这两条区域带不断发育;当应力超过一定值后,出现了第三条较大应力区域带;最终在破坏时,3 条较大应力区域带均贯通破坏。这与前面关于泡沫水泥浆的应力应变曲线和破坏形态中的分析结果相一致,即泡沫水泥浆较普通水泥浆表现出塑性的特征,其破坏为压剪破坏。

3.2.2.2　充填材料的抗拉特性

在试验开始之前,首先通过游标卡尺和电子天平得到水泥试样的几何尺寸和密度,如表 3-2 所示。

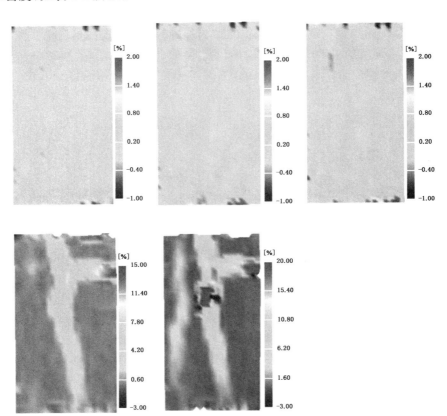

（a）普通水泥浆试样

图 3-6　充填材料在单轴压缩作用下最大主应变演化过程

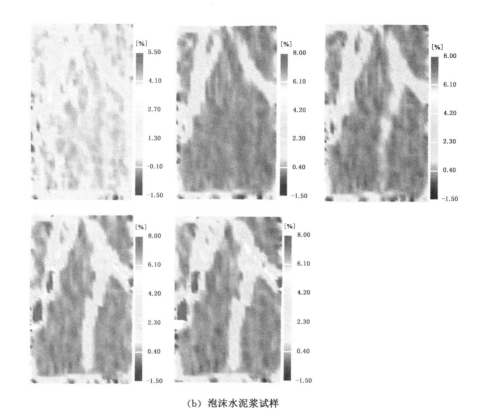

（b）泡沫水泥浆试样

图 3-6 （续）

表 3-2 充填材料劈裂试验试样的物理和力学参数

编号	试样	直径/mm	厚度/mm	密度/(g/cm³)	抗拉强度/MPa
C4	普通水泥浆	50.54	24.79	1.69	2.09
C5	普通水泥浆	50.44	24.90	1.73	2.19
C6	普通水泥浆	50.70	24.43	1.73	2.54
P4	泡沫水泥浆	50.20	24.63	1.25	1.00
P5	泡沫水泥浆	50.54	24.97	1.32	1.53
P6	泡沫水泥浆	50.51	24.36	1.16	0.86

依据试验操作规范进行，得到普通水泥浆和泡沫水泥浆试样的巴西劈裂荷载位移曲线，见图 3-7。

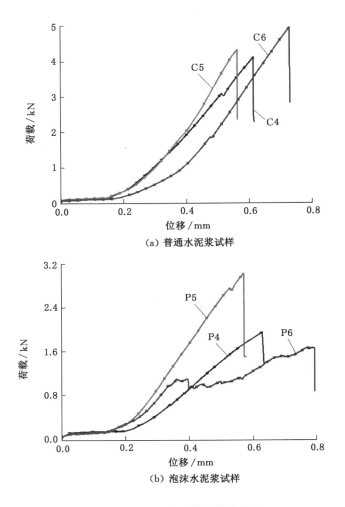

（a）普通水泥浆试样

（b）泡沫水泥浆试样

图 3-7　巴西劈裂荷载位移曲线

由普通水泥浆的巴西劈裂荷载位移曲线可以看出,普通水泥浆试样的单轴抗拉强度差别不大;峰值位移均小于 0.8 mm;C4 和 C6 试样出现了短暂的屈服阶段,当位移大于 0.2 mm 后荷载和位移整体表现出线性的关系;3 个试样在破坏时荷载均大于 4 kN,并且荷载达到峰值后均很快失去抵抗能力,表现出典型的脆性材料的特点。

由泡沫水泥浆的巴西劈裂荷载位移曲线可以看出,泡沫水泥浆试样的单轴拉压强度差别较大,3 个试样的单轴抗拉强度分别为 1.00 MPa、1.53 MPa 和 0.86 MPa,离散性较大;峰值位移均大于 0.5 mm;P5 试样在达到峰值荷载前出现短暂的屈服阶段,P6 试样在达到屈服荷载后,荷载位移曲线出现随荷载增大位移增速减缓的特点;3 个试样在应力达到峰值后均完全失去抵抗能力。

对于巴西劈裂试验,弹性力学有相关的求解方法。在圆柱试样的直径方向施加一对线性荷载,沿竖直直径产生几乎均匀的水平方向拉应力 σ_x,这些拉应力的均值为:

$$\sigma_x = \frac{2P}{\pi D l} \tag{3-1}$$

式中 P——作用荷载,N;

  D——圆柱体试样的直径,mm;

  l——圆柱体试样的长度,mm。

而试样的水平方向直径平面内,产生最大的压应力的数值为(在圆柱形的中心处):

$$\sigma_y = \frac{6P}{\pi D l} \tag{3-2}$$

通过式(3-1)和式(3-2)对比可以看出,试样的压应力只是拉应力的 3 倍。对于抗压强度远超抗拉强度的材料,发生拉伸破坏。

根据巴西劈裂试验荷载位移曲线,可以求得普通水泥浆和泡沫水泥浆试样的抗拉强度,具体数值见表 3-2,充填材料的抗拉强度柱状图如图 3-8 所示。由表 3-2 和图 3-8 可以看出,普通水泥浆试样的单轴抗拉强度均高于泡沫水泥浆,且普通水泥浆试样的单轴抗拉强度均高于 2.09 MPa,分布较均匀;泡沫水泥浆试样的单轴抗拉强度分布较离散,P5 试样的单轴抗拉强度约为 P6 的 2 倍。

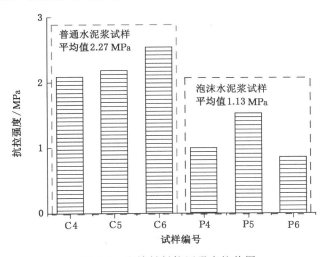

图 3-8 充填材料拉压强度柱状图

图 3-9 给出了普通水泥浆和泡沫水泥浆试样的巴西劈裂破坏形态。由图可以看出，普通水泥浆和泡沫水泥浆试样的巴西劈裂破坏均为沿试件直径贯穿的破坏，属于拉破坏。结果表明，普通水泥浆试样和泡沫水泥浆试样在受到沿竖直直径方向的压应力时，由于试样竖直直径方向上的拉伸应力先达到抗拉强度，先发生拉伸破坏。

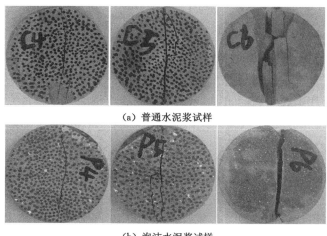

（a）普通水泥浆试样

（b）泡沫水泥浆试样

图 3-9　充填材料巴西劈裂破坏形态

通过数字图像相关技术对巴西劈裂试验过程中高速相机拍摄的照片进行分析，得出了充填材料在巴西劈裂试验下最大应变的演化过程，如图 3-10 所示，由左往右、由上往下分别是 50％峰值应力、80％峰值应力、90％峰值应力、100％峰值应力和峰后的单轴压缩试样表面最大主应变分布。由图 3-10 可以看出，巴西劈裂试验下，普通水泥浆的试样在竖直直径方向未有明显的较大应变区域，仅在破坏的临界时刻出现沿竖直直径方向的最大主应变线；泡沫水泥浆在应力水平较低的情况下，最大应变区域没有明显的特征，在应力超过一定数值后，沿竖直直径方向出现一条较大的主应变区域，并且圆柱中心位置出现破裂的现象。

通过对比普通水泥浆和泡沫水泥浆在巴西劈裂试验下最大主应变的演化过程可以看出，虽然二者的受力状态一致，但其破坏过程却不相同：普通水泥浆的破坏是瞬时的，而泡沫水泥浆的破坏从中心点和上下两端开始，裂纹由上下两端和中心点逐步发育并贯穿。

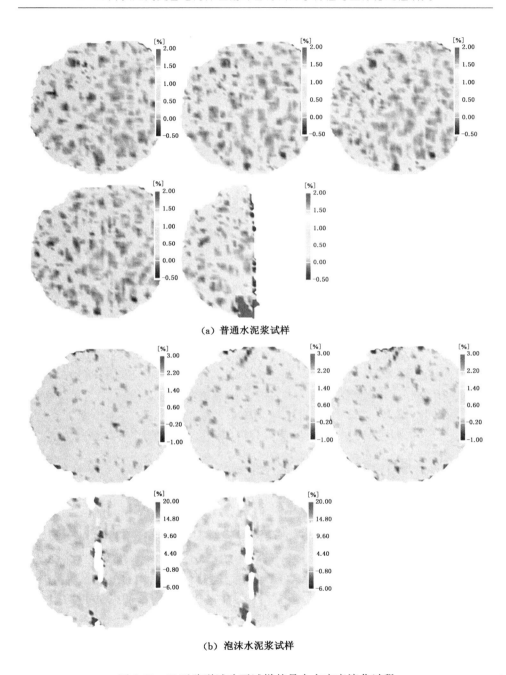

（a）普通水泥浆试样

（b）泡沫水泥浆试样

图 3-10　巴西劈裂试验下试样的最大主应变演化过程

3.3　保温输冷管整体稳定性数值模拟研究

3.3.1　数值模型建立

穿越深地层复合结构输冷管道除了受自身材料及冷水重力与水流冲击力外还受到周围岩土体地应力作用,普通水泥浆与泡沫水泥浆硬化后应有足够的强度抵抗压力、剪力和拉力,同时作为复合结构整体的输冷管路也应有足够的整体抗压、抗剪和抗拉能力,避免地应力及其变化和自身力的变化冲击破坏,确保穿越深地层钻孔复合保温结构输冷管道的正常输冷运行。因此,为了研究深地层复合结构保温输冷管在不同埋深和地层环境下管壁的受力状态,本章节使用FLAC^{3D}数值软件对深地层复合结构保温输冷管在不同地应力环境下的位移、应力和塑性区情况进行了系统性的分析。结合工程实际地质情况,参考相关文献资料和实验室结果,本书设计管道围岩内径为 0.38 m,按照圣维南原理,模型边长不小于 1.14 m,因此,数值模拟时选取尺寸为 1.4 m×1.4 m×1.4 m 的立方体。深地层复合结构保温输冷管布置在模型中央,均匀向外辐射,保温输冷管内壁直径为 97 mm,厚度为 9 mm;内侧水泥为泡沫水泥浆,厚度为 30 mm;外侧水泥为普通水泥浆,厚度为 45 mm;两层水泥浆之间是 9 mm 厚的钢管;普通水泥浆与岩土体围岩直接接触。

模型网格建立结果如图 3-11(a)所示,对内部普通水泥浆、泡沫水泥浆和钢管部分进行网格加密处理,以便于精密分析。为提高计算效率,外部围岩网格尺寸较大,模型总计共有 4 800 个网格,9 760 个节点。

为定量分析深地层复合结构保温输冷管和围岩在深部地应力下的位移和应力衰减规律,由内向外在模型竖直方向上布置了 24 个测点,对其在不同地应力条件下的竖向位移、轴向应力和切向应力进行了监测。两个钢管处各均匀布置 3 个测点,间隔 3 mm;泡沫水泥浆处均匀布置 5 个测点,间隔 6 mm;普通水泥浆处均匀布置 8 个测点,间隔 6 mm;岩土体中共布置 5 个测点,间隔 10 mm。具体测点布置如图 3-11(b)所示。

在模拟计算中,模型采用摩尔-库仑准则判断围岩和钻孔保温输冷管的变形和屈服。本次模拟共选用 6 种地应力情况,分别是 3 MPa、6 MPa、9 MPa、12 MPa、15 MPa 和 17.5 MPa,用来模拟保温输冷管从+183 m 至−520 m 时的承受地应力情况。在计算模型边界处施加位移边界条件,之后设置梯度加载方式加载应力,当水平和竖直应力加载到设置地应力时停止加载应力并开始迭代平衡。

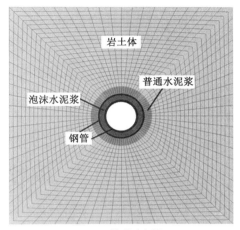

（a）模型示意图

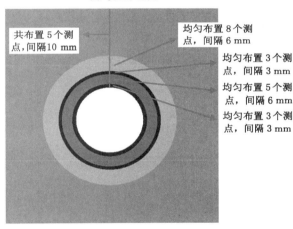

（b）测线布置

图 3-11　FLAC³ᴰ模型示意图及测线布置

3.3.2　输冷管外侧围岩稳定性

图 3-12 为不同地应力条件下深地层复合结构保温输冷管外部围岩竖向位移云图。从图中可以发现，在地应力为 3 MPa 时，管道上方围岩存在一部分区域基本没有位移变形，管道下方围岩有 0.03 mm 左右的轻微变形。随着地应力的增加，管道上下方位移变形区域逐渐增大，呈辐射状，而管道左右两侧竖向位移却几乎没有变化。

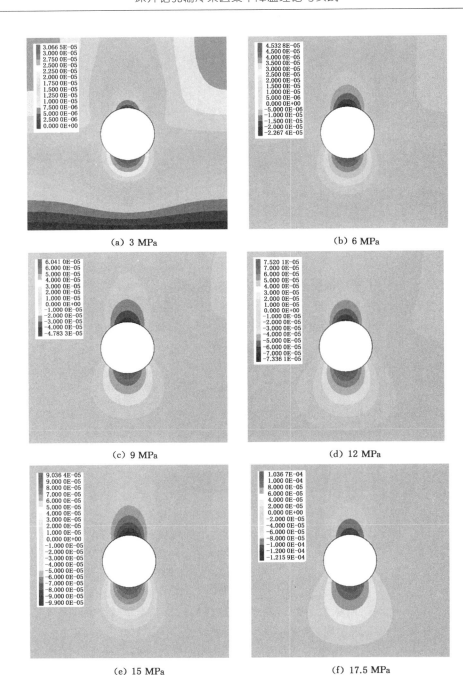

(a) 3 MPa

(b) 6 MPa

(c) 9 MPa

(d) 12 MPa

(e) 15 MPa

(f) 17.5 MPa

图 3-12　不同地应力条件下外部围岩竖向位移云图

通过观察保温输冷管上方围岩竖向位移随距钢管内壁距离的变化曲线（图 3-13）可知，在地应力为 3 MPa 时，40 mm 的测点范围内围岩竖向位移几乎不发生变化，且近似等于 0。由于模型围岩性质均一性较好，所以围岩竖向位移随距钢管内壁距离增加而线性减小。随着地应力的不断增加，围岩的竖向位移也逐渐增大，当地应力为 17.5 MPa 时，管道周边围岩竖向变形达到了 0.12 mm 左右，40 mm 范围内竖向位移差值为 0.02 mm 左右。

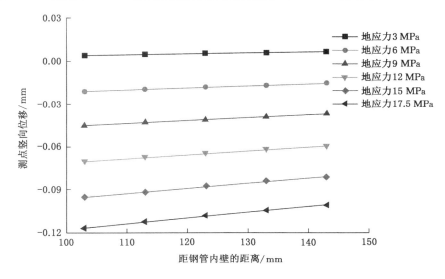

图 3-13　围岩测点竖向位移随距钢管内壁距离的变化

图 3-14 为不同地应力条件下深地层复合结构保温输冷管外部围岩竖向应力分布云图。观察云图可以发现，在地应力条件下，深地层复合结构保温输冷管外部围岩轴向应力分布呈蝴蝶状，应力集中主要发生在管道左右两侧，左右两侧轴向应力普遍大于上下两侧，在左上、左下、右上、右下 4 个角位置处应力集中最为明显，上下两侧所受轴向应力相对较小。

图 3-15 为围岩测点轴向应力和切向应力随距钢管内壁距离的变化曲线。由图 3-15(a)可知，在地应力为 3 MPa 和 6 MPa 时，围岩 40 mm 范围内轴向应力几乎不发生变化；在地应力大于 9 MPa 时，距离钢管内壁 113～123 mm 处存在一个轻微的突变，之后则逐渐趋于稳定。同样的情况在围岩切向应力随距钢管内壁距离的变化曲线[图 3-15(b)]中也可以发现，当测点距离从 113 mm 增大至 123 mm 位置处时，切向应力都有一个向下的突变。由此可以猜想，地应力对于外部围岩的影响也是分区域的，113～123 mm 可能是一个临界区域。

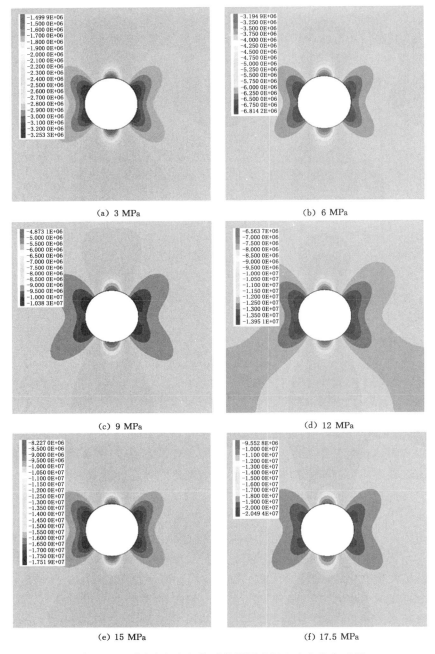

(a) 3 MPa

(b) 6 MPa

(c) 9 MPa

(d) 12 MPa

(e) 15 MPa

(f) 17.5 MPa

图 3-14 不同地应力条件下外部围岩竖向应力分布云图

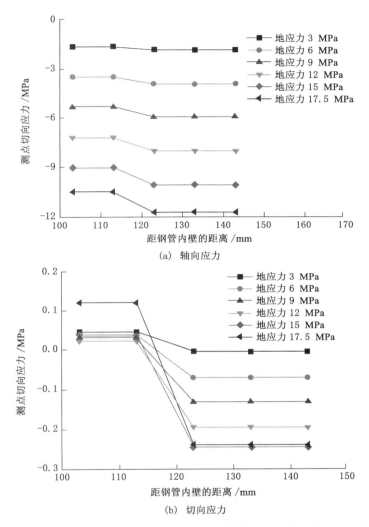

(a) 轴向应力

(b) 切向应力

图 3-15 围岩测点轴向应力和切向应力随距钢管内壁距离的变化曲线

3.3.3 长距离保温输冷管整体结构稳定性

保温输冷管的整体结构稳定性直接影响到地面制冷井下降温穿越深地层保温输冷管管路运行的安全可靠与稳定,因此,对其进行位移、应力和塑性区分析尤为重要。保温输冷管在不同地应力条件下的竖向位移云图如图 3-16 所示,由图可知,保温输冷管的位移主要发生在管道上下壁,并且逐层向外递减,而管道两侧几乎没有竖向位移。

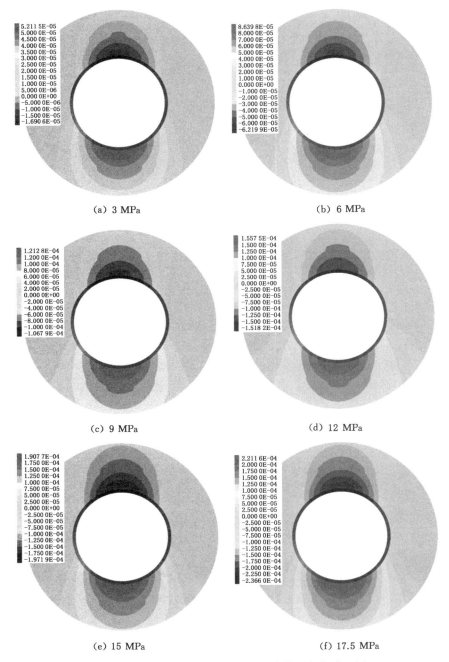

(a) 3 MPa

(b) 6 MPa

(c) 9 MPa

(d) 12 MPa

(e) 15 MPa

(f) 17.5 MPa

图 3-16　不同地应力条件下保温输冷管竖向位移云图

另外,由图 3-17 可以发现,在地应力为 3 MPa 和 6 MPa 时,保温输冷管内钢管和水泥之间均几乎没有竖向位移产生,而且整个保温输冷管变形很小。当地应力超过 6 MPa 时,内侧钢管的竖向位移则显著高于外侧钢管和水泥夹层。在高地应力作用下,泡沫水泥浆的单位厚度变形远高于普通水泥浆,而钢管几乎没有变形,保温输冷管的变形主要来源于水泥材料的变形。随着地应力的增加,钢管、普通水泥浆和泡沫水泥浆的竖向位移均线性增加。内侧钢管的竖向位移变化受地应力的影响最大,普通水泥浆受地应力影响最小。

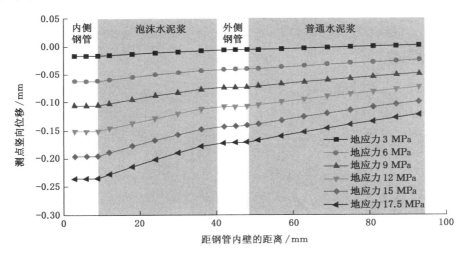

图 3-17　不同地应力条件下保温输冷管测点竖向位移随距钢管内壁距离的变化曲线

不同地应力条件下保温输冷管轴向应力分布如图 3-18 所示,从图中可以看出,保温输冷管所受轴向应力最大的区域是左右两侧,两层钢管处承担了较多的应力集中,缓解了普通水泥浆和泡沫水泥浆中的应力集中。在高地应力条件下,保温输冷管的应力分布情况大致为管道左右内壁最大,四角内壁次之,上下内壁最小。

图 3-19 显示了保温输冷管不同部分测点轴向应力随距钢管内壁距离和地应力的变化,由图可知,距钢管内壁距离和地应力对内侧钢管轴向应力的影响最小,随着地应力的增加,内侧钢管轴向应力几乎不发生变化,轴向应力为 0 MPa 左右,表明内侧钢管几乎没有受到轴向应力,此时保温输冷管内部能正常工作。当距离内侧钢管壁的距离超过 9 mm 后,保温输冷管轴向应力随着距离呈线性增加,普通水泥浆和泡沫水泥浆对于轴向应力的衰减和耗散有重

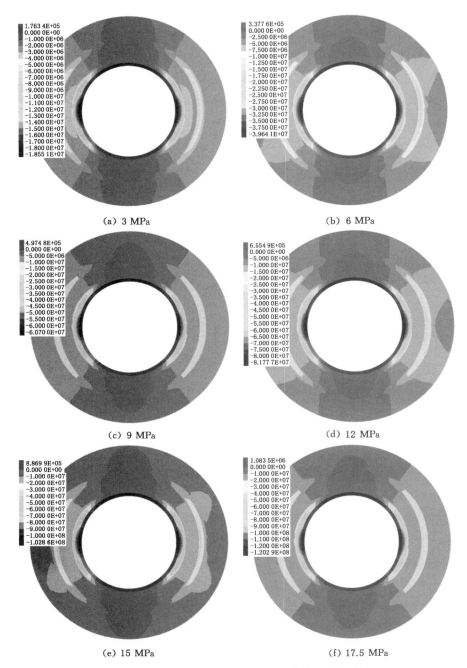

图 3-18　不同地应力条件下保温输冷管轴向应力分布

要作用。随着地应力的增加,普通水泥浆所受轴向应力影响最大,内侧钢管所受轴向应力影响最小。

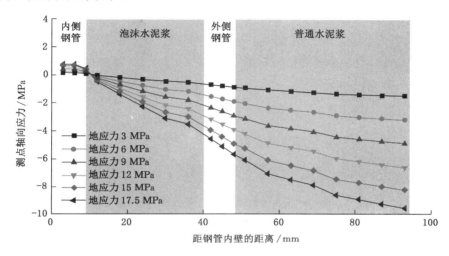

图 3-19　不同地应力条件下保温输冷管测点轴向应力随距钢管内壁距离的变化

　　图 3-20 为不同地应力条件下保温输冷管不同部分塑性区分布,从图中可以看到,在地应力为 3～12 MPa 时,保温输冷管塑性区均没有出现屈服。地应力达到 15 MPa 时,保温输冷管开始有屈服,保温输冷管四角部位出现屈服区域,表示此处曾经发生过拉伸屈服。随着地应力增加到 17.5 MPa(此值等于 700 m 深常规地应力大小),保温输冷管的屈服破坏仍主要发生在四角部位,显示有大量的拉伸屈服和少量的剪切屈服。值得一提的是,虽然在 15 MPa 和 17.5 MPa 情况下,保温输冷管存在部分塑性区,但是塑性区主要出现在普通水泥浆和泡沫水泥浆充填材料处,且塑性区域较小,不影响保温输冷管的正常工作运行。综合可见,穿越深地层复合结构保温输冷管自内向外分别由输冷管道、保温泡沫水泥浆层、金属保护套管、套管外固管堵水水泥浆层、钻孔、岩体层构成,输冷管道、保温泡沫水泥浆层和套管通过套管外固管堵水水泥浆层固定,形成具有一定机械强度的复合结构,计算模拟分析输冷管路整体强度可靠,能确保输冷安全、可靠、稳定运行。

　　不同地应力条件下外层固管材料和内部保温层的塑性破坏分布特征如图 3-21 所示。由图可见,地应力小于等于 12 MPa 时,材料未出现塑性破坏,大于 12 MPa 以后,塑性破坏总体呈现线性增大的趋势。因此,可以采用式(3-3)

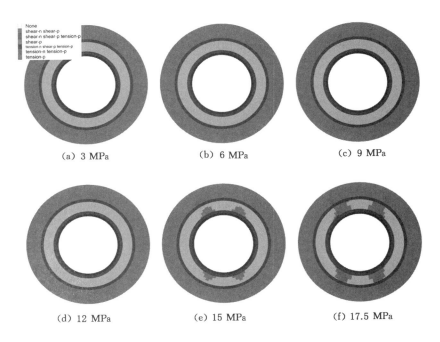

(a) 3 MPa   (b) 6 MPa   (c) 9 MPa

(d) 12 MPa   (e) 15 MPa   (f) 17.5 MPa

图 3-20　不同地应力条件下保温输冷管不同部分塑性区分布

和式(3-4)来分别表达外层材料和内部保温层的塑性破坏率。

$$PZ = \begin{cases} 0 & (\sigma \leqslant 12 \text{ MPa}) \\ 2.34\sigma - 28.03 & (\sigma > 12 \text{ MPa}) \end{cases} \qquad (3\text{-}3)$$

$$PZ = \begin{cases} 0 & (\sigma \leqslant 12 \text{ MPa}) \\ 6.52\sigma - 78.28 & (\sigma > 12 \text{ MPa}) \end{cases} \qquad (3\text{-}4)$$

式中　PZ——塑性破坏率；

　　　σ——地应力水平。

显然,材料破坏以后必然也会受到保温管尺寸、几何结构、材料性质等因素的影响,式(3-3)和式(3-4)可以简化为:

$$PZ = \begin{cases} 0 & (\sigma \leqslant \sigma_0) \\ a\sigma - b & (\sigma > \sigma_0) \end{cases} \qquad (3\text{-}5)$$

式中　σ_0——临界应力水平；

　　　a 和 b——物理参数。

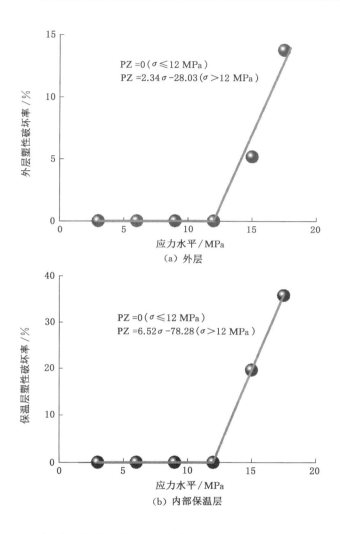

图 3-21　不同地应力条件下外层固管材料和内部保温层的塑性破坏率分布特征

3.4　本章小结

　　本章针对穿越深地层长距离钻孔输冷过程中可能发生输冷管断裂引起的脱层和漏水等问题,通过开展单轴压缩试验和巴西劈裂力学试验得到了充填水泥浆抗压和抗拉性能,基于数字图像分析获得了充填水泥浆表面最大主应变场分布规律,建立了 FLAC³ᴰ 有限差分模型并开展了不同应力条件下长距离复合结构保温输冷管稳定性研究,为后续工程设计与实施及安装后安全稳定运行提供理论依据。

(1)普通水泥浆硬化后试块密度为 1.73～1.78 g/cm³,单轴抗压强度为 24.46～28.47 MPa,抗拉强度为 2.09～2.54 MPa。泡沫水泥浆硬化后试块密度为 1.14～1.35 g/cm³,单轴抗压强度为 7.34～14.53 MPa,抗拉强度为 0.86～1.53 MPa。普通水泥浆最终呈现典型的拉伸破坏,而泡沫水泥浆存在压剪混合破坏。在单轴压缩情况下,最终破坏时,普通水泥浆试样在试样中心轴出现应变均值最大的一条带区域,而泡沫水泥浆试样则是 3 条较大应力区域带均贯通破坏。在巴西劈裂情况下,普通水泥浆的破坏是瞬时的,而泡沫水泥浆的破坏从中心点和上下两端开始,裂纹由上下两端和中心点逐步发育并贯穿。综合可见,力学性能试验显示两种类型水泥浆密度均大于 0.7 g/cm³、抗压强度均大于 6.0 MPa、抗拉强度均大于 0.8 MPa,满足穿越深地层复合结构输冷管路抗压强度性能要求。

(2)在上述试验基础上,通过有限差分软件模拟计算分析了保温输冷管在周围围岩不同地应力条件下的复合保温结构整体稳定性。结果表明,保温输冷管外部围岩轴向应力分布呈蝴蝶状,应力集中主要发生在管道左右两侧,在左上、左下、右上、右下 4 个角位置处应力集中最为明显。随地应力增加,普通水泥浆所受轴向应力影响最大,内侧钢管所受轴向应力影响最小,当距钢管内壁的距离超过 9 mm 后,保温输冷管轴向应力随着距离呈线性增加,普通水泥浆和泡沫水泥浆对于轴向应力的衰减和耗散有重要作用。结果表明,地应力小于等于 12 MPa 时,材料未出现塑性破坏;大于 12 MPa 时,塑性破坏总体呈现线性增大的趋势,在 15 MPa 和 17.5 MPa(此值约为 −520 m 时输冷管所受地应力大小)情况下,保温输冷管存在部分塑性区,但是塑性区主要出现在普通水泥浆和泡沫水泥浆充填材料处,且塑性区域较小,不影响保温输冷管的正常运行。在此基础上,构建了输冷管内外侧充填砂浆的塑性破坏率和应力与保温管参数的公式:

$$PZ = \begin{cases} 0 & (\sigma \leqslant \sigma_0) \\ a\sigma - b & (\sigma > \sigma_0) \end{cases}$$

为提升复合结构输冷管防断裂性能提供理论依据。

综合可见,模拟计算分析结论说明深地层复合结构保温输冷管具有足够的机械强度,能确保穿越深地层井下降温输冷安全、可靠、稳定运行。

4　深井长距离保温输冷管冷损失
数值计算研究

矿井降温系统的复合结构长距离保温输冷管在穿越深地层时,实际地层环境较复杂,影响因素较多,作为前文的验证和补充,本章通过 COMSOL 构建复杂条件(存在渗流等异常传热情况)下长距离保温输冷管与地层的数值模型、保温输冷管二维结构换热分析的传热-流动耦合数值模型及一维管流与岩土层间的三维非稳态传热模型,分析穿越深地层复合结构保温输冷管的传热特性及冷损失规律,为深井长距离钻孔输冷井下采区集中降温系统的工程设计与实施提供依据。

4.1　输冷管横截面传热模型

4.1.1　控制方程

如图 4-1 所示,建立输冷管道二维轴对称传热模型,其中输冷管内为冷冻水,输冷管与套管之间填充泡沫水泥浆,套管与钻孔之间填充固管普通水泥浆。

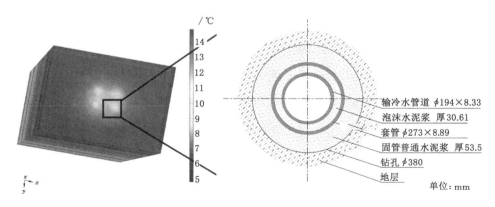

图 4-1　输冷管断面示意图

对两种填充材料:固管普通水泥浆与保温泡沫水泥浆的热物理参数进行测定,相关试样如图 4-2 所示。试样的热物理参数由 Hot Disk TPS500 型热常数分析仪(图 4-3)测得,其基本原理是:Hot Disk 的探头在可调的有限周期内对试样给予一个固定功率,而后温度升高被充当电阻温度计的探头捕捉,增加的动态特征温度反映在增加的传感器电阻上,可进行记录并可加以分析。

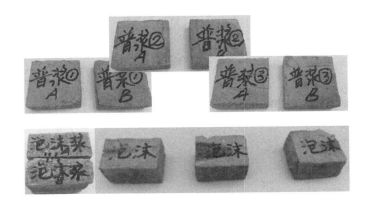

图 4-2　泡沫水泥浆试块与普通水泥浆试样

（a）Hot Disk TPS500型热常数分析仪　　　　　　（b）测试图片

图 4-3　Hot Disk TPS500 型热常数分析仪及测试图片

测出的填充物的热物理参数如表 4-1 所示,其中普通水泥浆试样的密度范围为 1.70～1.78 g/cm³、导热系数范围为 0.758～0.809 W/(m·K),泡沫水泥浆试样的密度范围为 1.15～1.25 g/cm³、导热系数范围为 0.514～0.587 W/(m·K)。

表 4-1　填充物的材料和热物理参数

试样	密度 ρ /(kg/m³)	导热系数 λ /[W/(m·K)]	比热容 c /[MJ/(m³·K)]	热扩散率 a /(m²/s)
泡沫水泥浆 A	1 240	0.575	1.667	0.278 7
泡沫水泥浆 B	1 180	0.536	1.517	0.299 2
泡沫水泥浆 C	1 220	0.565	1.599	0.289 4
泡沫水泥浆 D	1 250	0.587	1.798	0.260 9
泡沫水泥浆 E	1 150	0.514	1.574	0.284 4
普通水泥浆 A1	1 700	0.758	2.250	0.198 5
普通水泥浆 A2	1 770	0.798	2.141	0.210 5
普通水泥浆 A3	1 760	0.786	2.172	0.206 1
普通水泥浆 B1	1 740	0.776	2.413	0.185 5
普通水泥浆 B2	1 760	0.799	1.925	0.235 5
普通水泥浆 B3	1 780	0.809	2.275	0.199 5

经过套管边界的热流量为：

$$q = -k_e \nabla T \tag{4-1}$$

有效热传导系数为：

$$k_e = k_{e,s} + k_{e,f} + k_{disp} \tag{4-2}$$

套管水泥浆的比热容方程为：

$$(\rho c_p)_e = \theta_s \rho_s c_{p,s} + \phi_p \rho_f c_{p,f} \tag{4-3}$$

套管热-流-固耦合控制总方程为：

$$(\rho c_p)_e \frac{\partial T}{\partial t} - \rho_f c_{p,f} u \cdot \nabla T + \nabla \cdot q = Q + q_0 + Q_p + Q_{vd} \tag{4-4}$$

式中　∇——哈密顿算子；

　　　θ_s——无因次温度；

　　　u——速度；

　　　T——温度；

　　　$k_{e,s}$ 和 $k_{e,f}$——固相和流相的有效热传导系数；

　　　$(\rho c_p)_e$——套管材料的比热容；

　　　ϕ_p——固体材料的孔隙率；

　　　k_{disp}——热弥散热传导系数；

　　　ρ_s 和 ρ_f——固相和流体相密度；

　　　$c_{p,s}$ 和 $c_{p,f}$——固体和流体的比热容；

　　　Q——源项；

　　　q_0——初始项；

Q_p——压力项；

Q_{vd}——黏性耗散项。

方程(4-1)为套管边界的初始值，为方程(4-4)提供了能量条件，进而联立求解。

4.1.2 定解条件

边界条件：输冷管内部流体流动简化为一维流动，即不考虑输冷管内流体径向速度分布；输冷管内壁温度为冷水温度；输冷管外壁与泡沫砂浆、泡沫砂浆与套管内壁、套管外壁与普通水泥浆均为理想接触边界（忽略接触热阻），即温度和热流密度在两种介质交界面处满足连续。

4.2 套管处于地层中的三维模型

4.2.1 控制方程

根据二维套管模型的模拟结果与传热特性，为了简化小尺度（套管直径）与大尺度（三维地层）相互作用时网格划分及计算不收敛的问题，并为了简化模型计算，我们采用一维模型来表征套管流动。

此外，内管为输送冷量的冷冻水管，钻孔、套管、环形空间水泥、内管相对于空间尺寸无限大的地层而言，可视为一维线性热源与地层进行热量的交换。构建一维管流与岩土层间的三维非稳态传热模型，以模拟计算管内流体温度及周围地层的温度，内管管壁、环形空间的泡沫水泥浆、套管管壁视作传热的热阻，其参数值由上述模型提供。针对外管壁，建立如图 4-4 所示的复合渗流地层三维模型可更好地模拟管壁上的热量变化，综合考虑了富水区域的地下水流动和不同地层深度的温度对外管壁的温度的影响。

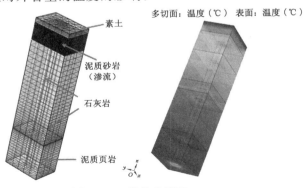

图 4-4 三维传热模型

对于非渗流区域,采用非稳态三维热传导方程:

$$(\rho c_p)_e \frac{\partial T}{\partial t} - \rho_f c_{p,f} T \left(\frac{\partial u}{\partial x} + \frac{\partial v}{\partial y} + \frac{\partial w}{\partial z} \right) + \frac{\partial q_x}{\partial x} + \frac{\partial q_y}{\partial y} + \frac{\partial q_z}{\partial z} = Q + q_0 + Q_p + Q_{vd}$$

$$(4-5)$$

对于富水区域,考虑地下水渗流,地下水流的控制总方程为:

$$\phi \frac{\partial p}{\partial t} + p \frac{\partial \phi}{\partial t} - \nabla \cdot \left(\frac{k}{\mu} p \nabla p \right) = Q_s \tag{4-6}$$

同时考虑流体和固体的热交换,热传导控制方程为:

$$(\rho c_p)_M \frac{\partial T}{\partial t} - (T_{ar} + T) \left[K_g \alpha_g \nabla \cdot \left(\frac{k}{\mu} \nabla p \right) - K \alpha_T \frac{\partial \varepsilon_V}{\partial t} \right]$$

$$= \lambda_M \nabla^2 T + \frac{\rho_{ga} p T_a C_g}{p_a (T_{ar} + T)} \frac{k}{\mu} \nabla p \nabla T + (-\lambda_s + \lambda_g)(\alpha - \phi) \times$$

$$\left\{ \left(\nabla \varepsilon_V + \frac{\nabla p}{K_s} - \alpha_T \nabla T \right) - \frac{\varepsilon_L Y_1 Y_2}{p} \left[\left(\frac{c_1 c_2 p Y_3}{(1 + c_1 p)^2} + Y_1 \right) \nabla p - \frac{c_2}{1 + c_1 p} \nabla T \right] \right\} \nabla T$$

$$(4-7)$$

$$Y_1 = \frac{p_L}{p + p_L}$$

$$Y_2 = \exp \left[-\frac{c_1}{1 + c_2 p} (T_{ar} + T - T_t) \right]$$

$$Y_3 = T_{ar} + T - T_t$$

式中　$(\rho c_p)_M$——土层比热容;

　　　　T_{ar}——土层处于无应力状态的绝对参考温度;

　　　　T_a——土层处于标准状态的绝对参考温度;

　　　　K——土层的体积模量;

　　　　K_g——流体体积模量;

　　　　α_g——$\alpha_g = 1/T$,热膨胀系数;

　　　　k——渗透率;

　　　　μ——流体动力黏度;

　　　　α_T——热膨胀因数;

　　　　ε_V——土层体积有效应变;

　　　　λ_M——热传导系数;

　　　　ρ_{ga}——标准条件下的流体密度;

　　　　λ_s——土层导热系数;

　　　　λ_g——流体导热系数;

　　　　K_s——土层颗粒的体积模量;

α——Biot 系数,$\alpha = 1 - K/K_s$;

ϕ——土层渗透率;

p——地下水压力;

p_a——大气压;

c_1——压力系数;

c_2——温度系数;

C_g 和 C_s——流体和土层的传热常数;

ε_L——吸附-解吸诱导体积应变;

p_L——朗缪尔压力常数;

T_t——解吸/吸附的参考温度。

渗流区域的地层力学变形控制方程为:

$$Gu_{i,kk} + \frac{G}{1-2\nu}u_{k,ki} - \alpha p - K\alpha_T T_i + f_i = 0 \tag{4-8}$$

式中　G——土层剪切模量;

ν——泊松比;

$u_{i,kk}, u_{k,ki}$——位移分量;

T_i——温度矢量;

f_i——土层受力分量。

而不同地层对整体模型的重力与地应力作用不同,其理论模型由方程(4-8)给出。

水在管道中的流动控制方程为:

$$\begin{cases} \rho(u \cdot \nabla)u = \nabla \cdot [-pI + K] + F \\ \nabla \cdot (\rho u) = 0 \\ K = \mu(\nabla u + (\nabla u)^T) - \frac{2}{3}\mu(\nabla \cdot u)I \end{cases} \tag{4-9}$$

流体的热传导系数为:

$$q = -k\nabla T \tag{4-10}$$

流体与外界传递以及自身的热量耗散控制方程如下,用 Q 表示质量源项:

$$\rho c_p u \cdot \nabla T + \nabla \cdot q = Q + Q_p + Q_{vd} \tag{4-11}$$

式中　ρ——水的密度;

u——流体流速;

I——单位矩阵;

F——水受到的体积力;

k——水热传导系数;

Q_p——水压与重力作用的热源项；

Q_{vd}——黏性耗散项。

地层条件的三维模型的结构如图 4-4 所示,其中地层特性按照表 4-1 参数构建,地层的恒温带深度为 21 m,恒温带温度为 15.7 ℃,地温梯度平均为 2.9 ℃/100 m。

地质结构的材料和热物理参数见表 4-2。

表 4-2 岩石-土壤层的材料和热物理参数

地质结构	密度 ρ /(kg/m³)	岩石比热容 c /[J/(kg·℃)]	导热系数 λ /[W/(m·℃)]	热扩散率 a /(m²/s)
素土	1 620	2 200	2.10	0.59×10^{-6}
泥质砂岩	2 600	950	2.67	2.67×10^{-6}
石灰岩	2 730	980	4.10	1.53×10^{-6}
泥质页岩	2 680	1 100	3.10	1.05×10^{-6}

4.2.2 边界条件

(1)三维基础构建地层管套模型边界条件:地层受到周围区域地应力作用,表面温度呈梯度分布,渗流区域水的流态为连续流。其初始条件:地层受到自身重力影响,地下水也受自身重力的影响。如图 4-5 所示。

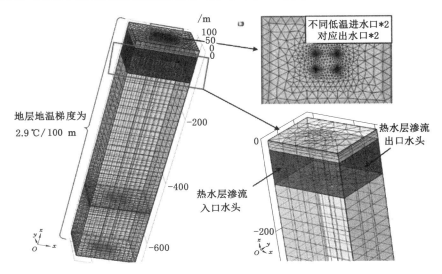

图 4-5 三维基础构建地层管套模型

（2）管流传热模型边界条件：外管壁为围岩温度，此温度能从三维基础构建地层管套模型中得到。输冷管内壁温度为冷水温度，管壁为无流动边界。其初始条件：流体初始温度为进水口温度，进水口速度为预设值。

4.3　数值模型验证

4.3.1　网格无关性验证

在保证结果正确和精度的同时，还需要减少模型计算时间。因此，本书在此做网格无关性验证。不同尺寸的网格划分如图 4-6 所示。

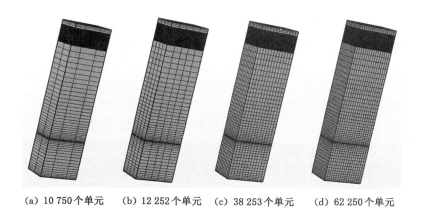

(a) 10 750 个单元　　(b) 12 252 个单元　　(c) 38 253 个单元　　(d) 62 250 个单元

图 4-6　不同尺寸网格划分示意图

采用了扫掠的网格划分形式，图 4-6 中的网格单元数目足够求解。单元数量越多，计算结果的精度越高。对于图 4-6 的 4 种网格划分方式，从图 4-7 可以得出，采用（a）方式划分，计算结果与（d）的结果误差最明显的地方为渗流区和地层分界处，最大误差值为 2 ℃；而采用（b）和（c）划分方式，与（d）划分方式的结果极为接近，最大误差率为 0.3%。因此采用（b）方式划分网格，既保证了模型精度，又减少了模型计算时间。

4.3.2　与渗流实验对比

基于本章中的理论本构方程，进行不同孔隙率岩石的渗流模拟，并与 Shi 等[135]已发表的渗流实验结果进行对照。从图 4-8 可以看出，本模型得到的渗流速度与文献结果误差较小，从而验证了本模型及算法的正确性。

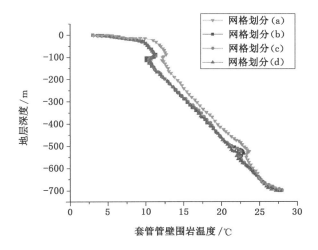

图 4-7　不同网格划分计算结果

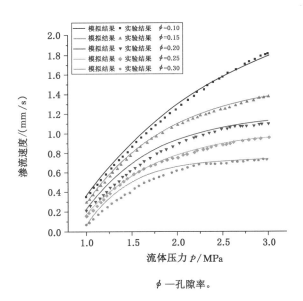

ϕ —孔隙率。

图 4-8　模型计算结果和实验结果的对比

4.4 数值方案

4.4.1 进回水水温与流速

实际工程中,制冷机组冷冻水进、回水设计温度为 3.8 ℃、12.8 ℃,设计流量为 354.2 m³/h,流速约 2.0 m/s。因此,本数值计算方案考虑 4 种不同进水温度、4 种不同流速分别进行计算,详见表 4-3,具体设置如下:

(1)输冷管的进口水温为 3.0 ℃、3.8 ℃、5.0 ℃、6.0 ℃;

(2)输冷管的回水管入口水温为在各自的进口水温基础上增加 8 ℃;

(3)输冷管水流速度为 1.0 m/s、1.6 m/s、2.0 m/s、2.3 m/s,对应流量分别约为 88 m³/h、142 m³/h、178 m³/h、204 m³/h。

表 4-3 进回水水温与流速设定表

进口水温/℃	回水水温	流速/(m/s)	流量/(m³/h)
3.0		1.0	88
3.8	供水管出口水温增加	1.6	142
5.0	8 ℃	2.0	178
6.0		2.3	204

4.4.2 不同填充方式

穿越深地层输冷钻孔与套管及套管与输冷管两层空间充注填充物有以下3种方式。

方式一:钻孔与套管之间和套管与输冷管之间均充注固管堵水普通水泥浆,简称为内外层均充注固管堵水普通水泥浆;

方式二:钻孔与套管之间和套管与输冷管之间均充注保温泡沫固管水泥浆,简称为内外层均充注泡沫水泥浆;

方式三:钻孔与套管之间充注固管堵水普通水泥浆,而在套管与输冷管之间充注保温泡沫固管水泥浆,简称内层充注泡沫水泥浆-外层充注固管堵水普通水泥浆。

4.5 输冷管结构的二维传热模型构建与模拟结果分析

4.5.1 径向温度分布

基于二维套管数值模型与水温、地层温度,计算内层充注泡沫水泥浆-外层充注固管堵水普通水泥浆方式下套管的温度扩散情况,如图 4-9 所示。

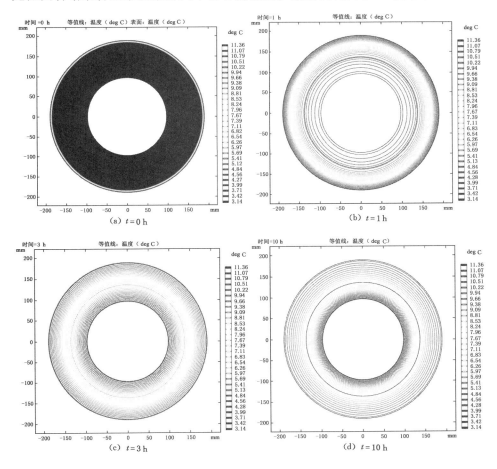

图 4-9 不同时间下套管温度分布云图

由模拟结果可知,受外部高温地层温度急剧变化的影响,套管所受外部热流影响较大,初始阶段的 0~1 h 内套管温度变化尤为明显,在 5 h 后温度变化趋于稳定;温度呈现随运行时间延长开始温升增大,后又快速减小,再到最后趋于稳定的规律。且计算表明,能够满足温度扩散半径(10 h 时)小于钻孔半径条件。

为了进一步分析不同传热时间下套管温度演变规律,计算了不同时间下套管温度分布的曲线图,如图 4-10 所示。其中,图 4-10(a)表征了不同时间下套管不同位置的温度分布,而图 4-10(b)表征了温度变化速率。由模拟结果可知,受外部高温地层影响,在 0~1 h 内套管温度变化尤为明显,在 5 h 后温度变化趋势基本稳定。

4.5.2 不同填充方式

结合图 4-9、图 4-10 得出,在初期传热阶段(0~1 h)温度变化尤为明显,而在 5 h 后套管温度分布特性几乎稳定。在上述结论下,分析了 3 个不同的套管内外填充物方案对套管传热特性的影响,如图 4-11 所示。因在初始传热阶段温度变化更为明显,故选取了传热时间 $t=0.1$ h、0.5 h 和 1 h 下的套管温度分布。

图 4-11 中的 3 个方案分别为:方案一内外层均充注固管堵水普通水泥浆、方案二内外层均充注泡沫水泥浆及方案三内层充注泡沫水泥浆-外层充注固管堵水普通水泥浆。相对固管堵水普通水泥浆,泡沫水泥浆有着更小的导热系数、热扩散率及比热容,因而具有更好的保冷性能。

由数值模拟结果可知,不同传热时间下的套管温度演化规律大致相同。而在同一传热时间下,内外层均充注固管堵水普通水泥浆的管流冷损失最大,保冷性能最差;内外层均充注泡沫水泥浆的管流冷损失最小,保冷性能最好。而在内层充注泡沫水泥浆-外层充注固管堵水普通水泥浆方式下,套管冷损失与内外层均充注泡沫水泥浆相差不大,较大的冷损失发生在冷水(x 趋近于 0)附近。而外侧,尤其是在套管靠近地层热源的区域,温度损失与内外层均充注泡沫水泥浆几乎一致。

综上所述,在地质与工程条件允许的情况下,综合保温和经济性能,内层充注泡沫水泥浆-外层充注固管堵水普通水泥浆因其较好的保冷性能及较低的材料成本,具有更好的经济适用性,可确定该方式为复合结构保温输冷管填充的优选方案。

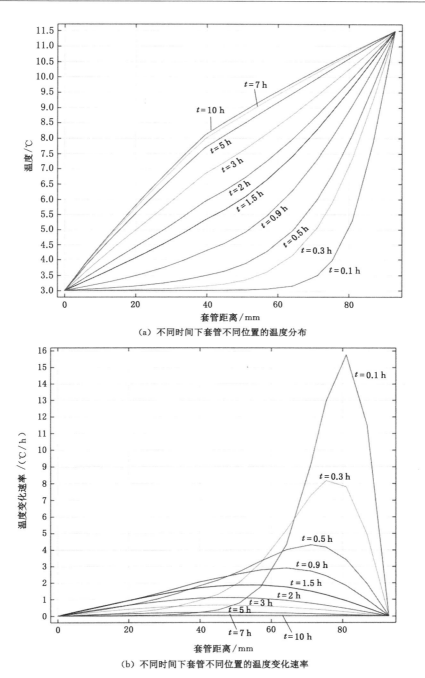

（a）不同时间下套管不同位置的温度分布

（b）不同时间下套管不同位置的温度变化速率

图 4-10　不同时间下套管不同位置的温度分布曲线图

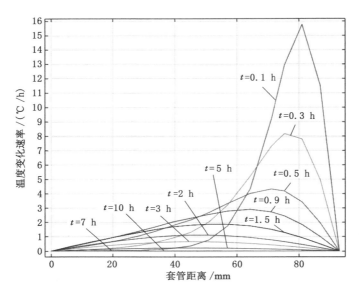

图 4-11　不同套管材料填充方案下的温度分布曲线图

4.6　渗流条件下输冷管传热规律分析

4.6.1　不同渗流层位置

由于实际地层条件中可能出现渗流层在不同埋深的情况,本数值模拟中设置两种深度的渗流层,对应深度分别为 $-20 \sim -93$ m 和 $-407 \sim -500$ m,如图 4-12(a)和(b)所示,用来研究不同渗流层埋深对输冷管冷量损失的影响规律。其中,输冷管入口水温均设置为 3 ℃,水流速度均设置为 2.0 m/s。通过修改含高温热水型岩层(渗流)的位置来改变地层分布,进而改变地质条件。

由图 4-12 可知,高温热水型岩层(渗流)区域将会显著影响保温输冷管管壁围岩的温度,造成较大的冷损失,且热地层导致的温度改变特性要大于水温对温度传热特性的影响强度。

与非渗流地层相比,存在热渗流的地层对套管温度影响很大。尽管随着地层深度的增加,保温输冷管管壁围岩的温度逐渐上升,但较浅的热水型岩层将导致保温输冷管管壁围岩的温度呈现整体性的上升,从而显著增加冷损失。此外,不同地层中均存在温度降低区域,这是因为地层的突变导致了传热参数的突变,进而造成了温度的变化。图 4-12(b)中的温降更为显著,为含水层带走了下部岩层的热量与地层突变共同导致的。

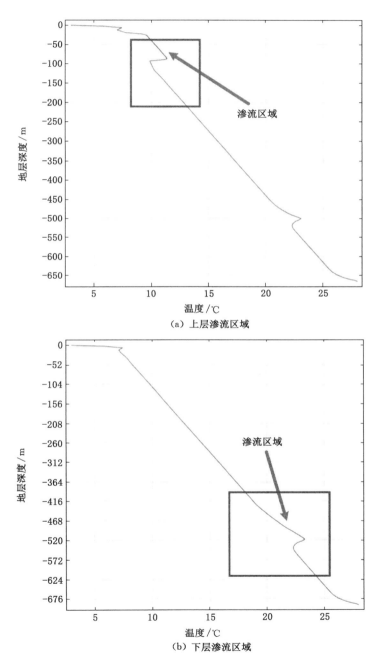

图 4-12　不同地质条件下复合结构保温输冷管管壁围岩的传热特性

分析了不同地层渗流条件下(渗流与非渗流工况下)出口管管壁围岩温度的区别。为了获取更为详细的对比情况,设置了不同的进水情况,计算并分析运行 60 d(1 440 h)后包含渗流与不包含渗流的地层工况下传热情况演化规律,如图 4-13 所示。其中,横坐标为不同的进水情况(包括进水温度、水流速度等),而纵坐标为相同条件时含渗流与不含渗流的管壁温度。由图 4-13 可知,热渗流区域的存在会造成更大的冷损失。

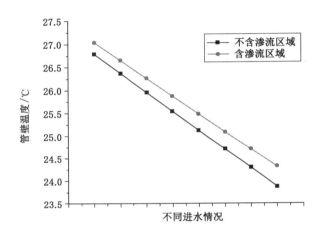

图 4-13　不同地层渗流工况对套管管壁围岩温度的影响

4.6.2　不同进口水温和流速

按照模拟方案要求,探究了穿越地层复合结构保温输冷管的不同进口水温、不同进水管水的流速对传热特性的影响,如图 4-14 所示。

进口水温按照 3.0 ℃、3.8 ℃、5.0 ℃、6.0 ℃ 4 种情况模拟,而流速采用了等效替代的方法,通过计算出不同流速下套管的导热系数,来反映不同流速下复合结构保温输冷管穿越不同岩层时管壁的温度变化情况,流速按 1.0 m/s、1.6 m/s、2.0 m/s、2.3 m/s 模拟。由图 4-14 得出,不同进水口水温对套管整体温度影响趋势大致相同,不同流速对套管整体温度影响也大致相似。

为探究输冷管水温变化较小或不变的导热时长,分析了不同传热时间下套管温度的演化规律,进而分析得出输冷管温度基本不变的换热时间。地层结构和流体参数与图 4-12(a)中情况相同,模拟结果如图 4-15 所示。

由图 4-15 可知,70 d(1 680 h)后套管管壁围岩的温度变化已经基本一致

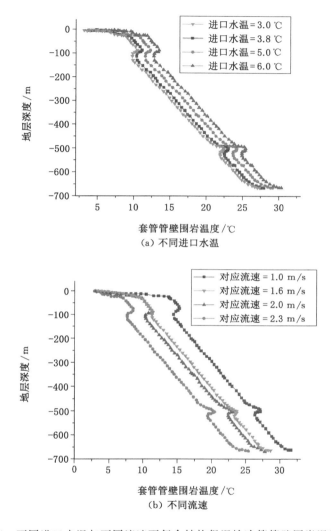

图 4-14 不同进口水温与不同流速下复合结构保温输冷管管壁围岩温度传热特性

了，温度变化较大的时间为 60 d(1 440 h)及之前，尤其是前 30 d(720 h)。进而得知，在这种地层与套管的情况下，前 60 d(1 440 h)为套管管壁围岩温度变化较大的区间。按照模拟方案要求，地层地温梯度平均为 2.9 ℃/100 m，因此岩层每增加 100 m，温度增加 2.9 ℃，地层温度分布与地层深度呈正比例关系。

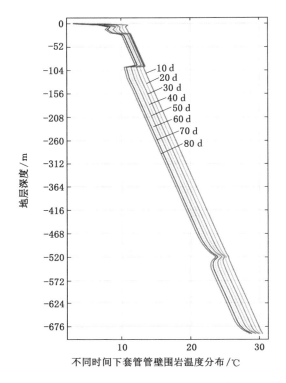

图 4-15　不同传热时间下套管管壁在地层中的温度分布

4.6.3　进回水管温度变化

此外,探究了在渗流工况下穿越地层输冷管的不同进口水温对管流水温的传热特性影响,如图 4-16 所示。进口水温按照 3.0 ℃、3.8 ℃、5.0 ℃、6.0 ℃ 4 种情况,模拟了运行 60 d(1 440 h)后的温度分布情况。

在此基础上,分析了不同换热时间下进水管与回水管的水温演化规律,如与图 4-17、图 4-18 所示。其中,进水温度设置为 3.8 ℃,水流流速设置为 2.0 m/s,冷水管填充方案采用方式三,即内层充注泡沫水泥浆-外层充注固管堵水普通水泥浆。

由图 4-17 可知,进水管出口水温在极短时间内温升达到 0.85 ℃,而后温升逐渐降低,在 30 d 后温升略有些许下降,60 d(1 440 h)后温升趋于稳定,温度不高于 4.65 ℃,温升不大于 0.85 ℃,这与图 4-15 中的结论相同,进一步验证了复合渗流地层中换热研究重点时间段为 60 d(1 440 h)以前。

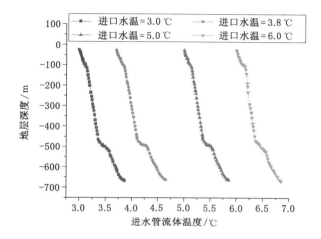

图 4-16 不同进口水温下管道水温演化特性

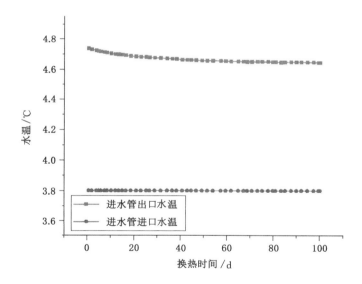

图 4-17 不同管流换热时间下进水管管道水温演化特性

由图 4-18 可知,回水管出口水温与进水管的出口水温变化规律类似,亦是在极短时间内有较大温升,而后温升降低,逐渐趋于平稳,温升不大于 0.65 ℃,更进一步验证了复合渗流地层中换热研究重点时间段在 60 d(1 440 h)以前。

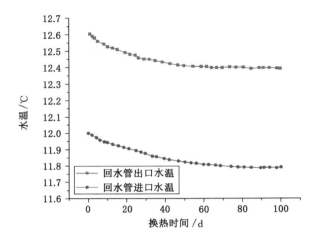

图 4-18 不同管流换热时间下回水管管道水温演化特性

基于以上研究规律,对输冷管穿越复合渗流地层前 60 d(1440 h)的进水管水温变化情况进行了进一步的研究。设置进水管进口水温为 3.0 ℃,水流流速为 2.0 m/s。

模型运行 60 d(1 440 h)时,不同地层深度下进水管内水温分布如图 4-19 所示。由图可知,在地下 −407～−500 m 位置,即渗流区存在位置,冷水水温有较大幅度的温升,显著影响输冷管输冷效果。

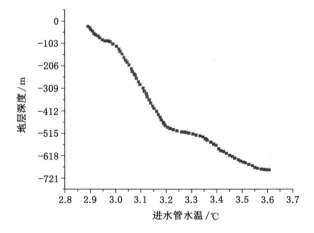

图 4-19 不同地层深度下进水管内水温分布情况

4.6.4 冷损失变化

此处首先定义冷损失＝(进水管出口水温－进水管进口水温)/进水管进口水温。为了分析不同供水温度下,运行 60 d(1 440 h)时输冷管冷水从进口至出口处的冷损失变化趋势,对不同供水温度下输冷管的冷损失进行了研究,结果如图 4-20 所示。由图得知,随着进水管进口水温的增加,经历 700 m 深地层的传热与渗流后,输冷管水冷损失逐渐降低,呈现近似反比例关系。

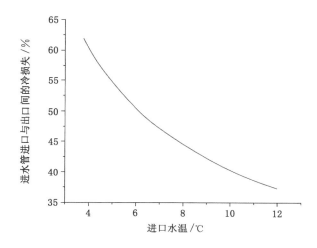

图 4-20　不同供水温度下输冷管的冷损失

4.7　本章小结

(1) 本章针对复杂地层环境下复合结构保温输冷管参数优化问题,利用 COMSOL 构建了复合渗流地层输冷管传热模型,结果表明,输冷管内冷水温升在 0~1 h 内变化明显,而后温升减小且变化趋于平稳,在 5 h 后温度变化趋势基本稳定。

(2) 研究了 3 种不同填充物方案下保温输冷管的传热特性,发现在同一传热时间下,内外层均充注固管堵水普通水泥浆的管流冷损失最大,保冷性能最差;内外层均充注泡沫水泥浆的管流冷损失最小,保冷性能最好。而在内层充注泡沫水泥浆-外层充注固管堵水普通水泥浆方式下,套管冷损失与内外层均充注泡沫水泥浆相差不大。综合保温和经济性能,确定了内层充注泡沫水泥浆-外层充注固管堵水普通水泥浆作为复合结构保温输冷管填充优选方案。

（3）应用构建的复合渗流地层输冷管传热模型研究了渗流区对冷水输送温升影响,结果表明,渗流区的存在使进水管冷水温升在 30 d(720 h)后才有些许下降,60 d(1 440 h)后趋于稳定,温升不大于 0.85 ℃,即渗流区的存在会导致输冷管局部较大热损失,显著降低输冷管输冷效果。

上述内容是基于输冷管周围一定厚度围岩原始岩温不变的情况进行的分析。实际工程中,随着工程稳定运行,输冷管周围岩体会被逐渐冷却,原始岩温将远离冷水管道,在沿流动方向上相同传热温差条件下,冷量损失将进一步降低,温升也会逐渐减小。

5 深部热害矿井采区大焓差降温机理及实验研究

前文重点研究了深部热害矿井长距离穿越地层复合结构保温输冷管输冷过程中的冷损失控制、钻孔内材料力学特性与输冷管道整体稳定性,并对深地层输冷管的冷损失进行了数值模拟研究,完成了高温矿井深地层输冷采区集中降温的输冷阶段任务。本章拟就冷冻水输送至井下后,基于大焓差降温除湿装置的热湿交换机理搭建实验系统,通过实验验证适用于热害矿井热湿环境条件及井巷特点的不同类型大焓差降温除湿装置降温除湿的效果。

5.1 采区大焓差降温除湿机理

5.1.1 空气与水直接接触时的热质交换原理

当空气与敞开的水面或飞溅的水滴直接接触时,接触面上会形成一个与水面或水滴温度相等的空气薄层,也称为饱和边界层,如图 5-1 所示[136]。此时,会发生热质交换。根据水温的不同,可能只有显热交换,也有可能同时发生显热和潜热交换,也就是热交换与质(湿)交换同时发生。显热交换的原理是由于空气和水之间存在温差,从而产生对流、导热和辐射换热;而潜热交换的原理是由于空气中的水蒸气蒸发而吸收汽化潜热,或水蒸气凝结而放出汽化潜热。总热(全热)交换量则是显热和潜热交换量的总和[136]。

饱和边界层的空气温度,决定着边界层内水蒸气的分压力或水蒸气分子的浓度。饱和边界层中有大量做不规则运动的水蒸气分子,从而导致一部分水蒸气分子进入边界层,而同时又有一部分水蒸气分子离开边界层[106,136]。

水与空气之间的热质交换由饱和边界层空气与主体空气(远离饱和边界层的周围空气)的温度差以及水蒸气分压力差决定。如饱和边界层空气温度低于主体空气温度,则饱和边界层向内传热;反之,则向外传热。如相对于主体空气,饱和边界层内的水蒸气分压力较小(即饱和边界层内水蒸气分子浓度较低),则从饱和边界层中逃逸到主体空气中的水蒸气分子数小于捕捉到的水蒸气分子

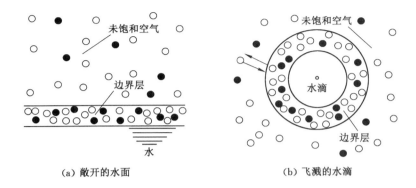

（a）敞开的水面　　　　　　　　　　（b）飞溅的水滴

图 5-1　空气与水滴之间的热质交换

数,造成主体空气的水蒸气分子数逐渐减少（可对应于"冷凝"现象）；反之,造成主体空气的水蒸气分子数逐渐增多（可对应于"蒸发"现象）[106,136]。

　　综上所述,质交换的动力是水蒸气的分压力差（浓度差）,正如热交换的动力是温度差一样[106,136]。

　　喷淋式降温除湿装置中水与空气直接接触,兼有传热和传质两种过程,水与空气的直接接触面积大小、对流湍动强弱是其关键因素。 如将水与空气进行传热、传质的过程分别描述,则有[106,136]：

$$Nu = f_1(Re_a, Re_w, Pr_a, Pr_w, \beta)$$
$$Sh = f_2(Re_a, Re_w, Sc_a, Sc_w, \beta)$$

式中　Nu——努塞尔数,描述两相间的传热过程；

　　　Sh——舍伍德数,描述两相间的传质过程；

　　　Re——雷诺数；

　　　Pr——普朗特数；

　　　Sc——施密特数。

　　上式中 Re 数起了核心作用,流体的速度决定了 Re 的大小,增大空气流速,可以延长水气间的接触时间,从而增强传热、传质强度,提高水的蒸发量[106,136]。

　　设某个微元面积为 dA,在此微元面积上,空气与水滴直接接触,则空气与水滴间的显热交换量、湿交换量、潜热交换量以及总热交换量分别如下。

　　显热交换量为[103-104,136]：

$$dQ_x = \alpha(t - t_b)dA \tag{5-1}$$

式中　dQ_x——显热交换量,W；

　　　α——传热系数,W/(m² · K)；

　　　t——主体空气温度,K；

t_b——饱和边界层空气温度,K;

dA——空气与水滴之间的接触面积,m^2。

湿交换量为[104]:

$$dW = h_{md}(d - d_b)dA \qquad (5-2)$$

式中　dW——湿交换量,kg/s;

h_{md}——空气与水滴间的传质系数,$kg/(m^2 \cdot s)$;

d——主体空气的含湿量,kg/kg;

d_b——饱和边界层空气的含湿量,kg/kg。

潜热交换量为:

$$dQ_q = r\,dW = rh_{md}(d - d_b)dA \qquad (5-3)$$

式中　r——温度为 t_b 时水的汽化潜热,J/kg。

总热交换量为:

$$dQ_z = dQ_x + dQ_q$$

即:

$$dQ_z = [\alpha(t - t_b) + rh_{md}(d - d_b)]dA \qquad (5-4)$$

用析湿系数或换热扩大系数来描述总热交换量与显热交换量之比,即:

$$\xi = \frac{dQ_z}{dQ_x} \qquad (5-5)$$

将式(5-1)、式(5-4)代入式(5-5),则析湿系数为:

$$\xi = \frac{dQ_z}{dQ_x} = \frac{h_{md}(h - h_b)}{\alpha(t - t_b)} = \frac{h - h_b}{c_p(t - t_b)} \qquad (5-6)$$

式中　h——主体空气的比焓,kJ/kg;

h_b——饱和边界层空气的比焓,kJ/kg;

c_p——空气的比定压热容,$kJ/(kg \cdot K)$。

水和空气的状态将随着水与空气的热湿交换而变化。从水侧分析,若水温变化量为 dt_w,则总热交换量为:

$$dQ_z = Wc_{wp}dt_w \qquad (5-7)$$

式中　W——与主体空气接触的水量,kg/s;

c_{wp}——水的比定压热容,$kJ/(kg \cdot K)$。

在工况稳定的情况下,水和空气之间的热交换量总体守恒,即:

$$Wc_{wp}dt_w = dQ_x + dQ_q \qquad (5-8)$$

在热质交换过程中,换热器内的热力学参数保持恒定,不随时间的变化而变化,即工况稳定。就实际情况严格来说,换热器中的热质交换过程并非稳定工况,但是考虑换热设备换热过程的多因素变化(进口空气参数、工质状况等)较换热设备自身的变化过程缓慢,在解决实际工程问题时可将该过程作为稳定工况来看[106]。

在该前提下,可将传质系数和表面传热系数看成沿整个换热面恒定,为其平均值,可将式(5-1)、式(5-3)、式(5-4)沿整个换热面积分,求出 Q_x、Q_q 及 Q_z。但实际的接触面积很难精准确定,如本书所提到的全风量大焓差冷却除湿装置,所有水滴的表面积之和为实际的换热面积,而水滴的表面积与其大小、喷水压力、喷嘴构造等诸多因素相关,难以精确计算。近年来出现的激光衍射技术,可分析装置内水滴直径大小及分布情况,为全风量大焓差冷却除湿装置热工计算的数值解提供了一种可能性[136]。

5.1.2 进风与水滴直接接触时的过程变化状态

在冷却除湿装置中,当进风与水滴接触时,进风与水滴表面形成了饱和空气边界层,以紊流扩散和分子扩散的方式,进风与边界层的饱和空气持续混合,使进风状态逐渐改变。因此,进风和水滴间的传热、传质过程可以视为边界层空气和进风之间的持续混合过程。假设水量无穷大,接触时间无穷长,则所有进风均可达到与水温相同的饱和状态点,即此时进风的终状态位于焓湿图的饱和线上。

不同温度的水滴与进风接触,造成不同的进风状态变化过程,故在上述假定条件下,伴随水滴温度不同可得到 7 种典型的过程变化状态(图 5-2)[105-107]。7 种变化状态的特点如表 5-1 所示[136-137]。

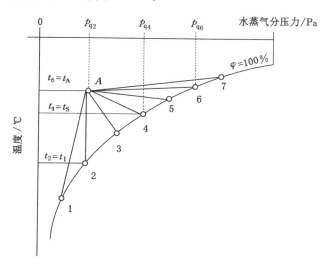

t_A—空气干球温度;t_S—空气湿球温度;t_1—空气露点温度。

图 5-2　进风与水滴接触时的状态变化过程

表 5-1　进风与水滴接触时各种变化过程的特点

过程线	水温特点	t 或 Q_x	d 或 Q_q	h 或 Q_z	过程名称
A-1	$t_w < t_1$	减	减	减	减湿冷却
A-2	$t_w = t_1$	减	不变	减	等湿冷却
A-3	$t_1 < t_w < t_S$	减	增	减	减焓加湿
A-4	$t_w = t_S$	减	增	不变	等焓加湿
A-5	$t_S < t_w < t_A$	减	增	增	增焓加湿
A-6	$t_w = t_A$	不变	增	增	等温加湿
A-7	$t_w > t_A$	增	增	增	增温加湿

注:表中 t_A、t_S、t_1 分别代表进风的干球温度、湿球温度及露点温度;t_w 代表水滴温度;t、d、h 分别代表回风温度、含湿量及焓值;Q_z、Q_x、Q_q 分别代表进风与水滴之间发生的总热交换量、显热交换量及潜热交换量。

与上述假定条件不同,虽然在冷却除湿装置中水滴与进风有相对较长的接触时间,但水量有限,故在理想过程中,则除在第四种状态 $t_w = t_S$ 下,水温都会发生变化,空气状态变化过程呈现为曲线而非直线。当 $t_w < t_S$ 时,在顺流(进风与水流同方向)情况下,空气状态终点的温度等于水的终点温度,状态变化过程如图 5-3(a)所示;在逆流(进风与水流反方向)情况下,空气状态终点的温度等于水的初始温度,类似的方法可以得到状态变化过程如图 5-3(b)所示。图5-3(c)是逆流接触时,水的初始温度 $t_{w1} > t_A$ 时的空气状态变化过程。实际情况中,鉴于空气和水的接触时间不是无限长,空气状态难以达到与水的初始温度或终点温度相等的饱和状态。经验表明,空气的相对湿度在单级喷淋时可达到 95%,双级喷淋的状态下能达到 100%[106,136]。

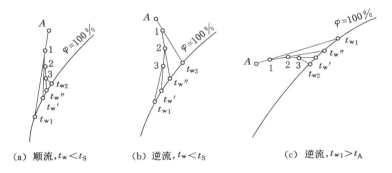

(a) 顺流,$t_w < t_S$　　(b) 逆流,$t_w < t_S$　　(c) 逆流,$t_{w1} > t_A$

图 5-3　冷却除湿装置中进风与水滴理想状态变化过程

5.1.3 全风量大焓差冷却除湿机理及理论模型

5.1.3.1 全风量大焓差冷却除湿机理

全风量大焓差冷却除湿是针对热害矿井采区全风量集中降温的一种新方法。该方法利用喷淋的方式,使低温冷水与空气直接接触发生热湿交换,最大化地获取热害矿井采区风流中的热(焓)。其机理可概括为:进入换热装置中的冷水温度(t_w)远远低于湿空气的湿球温度(t_S),此时低温水经雾化喷出后成为粒径极微小的水滴,并被接近饱和状态的湿空气包围,水滴的粒径与其与空气的接触面积成反比。其间,不同温度的两种介质在换热装置中发生传热、传质。温度介于干湿球温度(t_A)和露点温度(t_1)之间的水滴与高于水温(t_S)的高湿空气发生显热与潜热交换,从而降低湿空气的温度及湿度,导致水温升高。此过程中随着两种介质之间的充分热湿交换,湿空气的温度与水滴温度无限接近,比焓值大幅降低,故称为全风量大焓差冷却除湿。

5.1.3.2 热湿交换系统的能量方程

热工计算中,用热交换效率来评价空调器的热工性能指标。对于常用的降温除湿过程,空气与水的状态变化如图 5-4 所示[106,136]。

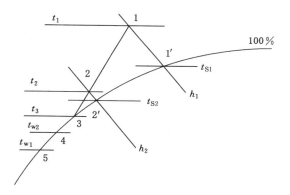

图 5-4　降温除湿过程中空气与水的状态变化

（1）第一热交换效率 η_1

在传热传质充分的理想条件下,空气状态的变化过程是由点 1 到点 3,而水的温度变化过程是由点 5 的 t_{w1} 到点 3 的 t_3。但是在实际工况中,因换热交换不够充分,空气状态只达到点 2 状态,水的终温只达到点 4 的 t_{w2}[106,136]。

全热交换效率 η_1 同时考虑空气和水的状态变化,也称为热交换效率系数。

如果把 1-2 这段空气状态的变化过程线沿着等焓线投影到饱和曲线上,可得弧线 $1'$-$2'$,近似地将这一段饱和曲线看成直线,则全热交换效率 η_1 可以表示为[106,136]:

$$\eta_1 = \frac{\overline{1'2'} + \overline{45}}{\overline{1'5}} = \frac{(t_{S1} - t_{S2}) + (t_{w2} - t_{w1})}{t_{S1} - t_{w1}} = 1 - \frac{t_{S2} - t_{w2}}{t_{S1} - t_{w1}} \quad (5\text{-}9)$$

故,如果 $t_{S2} = t_{w2}$(空气终温等于水的终温),则 $\eta_1 = 1$。t_{S2} 与 t_{w2} 的差值愈小,说明热湿交换愈完善,因而 η_1 愈大。

(2)第二热交换效率 η_2

喷水室的通用热交换效率 η_2 只考虑空气的状态变化,也叫接触系数,由图 5-4 可得:

$$\eta_2 = \frac{\overline{12}}{\overline{13}} = \frac{\overline{1'2'}}{\overline{1'3}} = \frac{\overline{1'3} - \overline{2'3}}{\overline{1'3}} = 1 - \frac{\overline{2'3}}{\overline{1'3}}$$

由于 $\triangle 131'$、$\triangle 232'$ 两者几何相似,故:

$$\frac{\overline{2'3}}{\overline{1'3}} = \frac{\overline{22'}}{\overline{11'}} = \frac{t_2 - t_{S2}}{t_1 - t_{S1}}$$

因此:

$$\eta_2 = 1 - \frac{t_2 - t_{S2}}{t_1 - t_{S1}} \quad (5\text{-}10)$$

喷水室热交换效果的影响因素很多,涵盖空气的质量流速、喷嘴类型和布置密度、喷嘴孔径和喷嘴前水压、空气和水的接触时间、空气和水滴的运动方向以及空气和水的初、终参数等。其实验公式为[136]:

$$\eta_1 = A(v\rho)^m \mu^n \quad (5\text{-}11)$$

$$\eta_2 = A'(v\rho)^{m'} \mu^{n'} \quad (5\text{-}12)$$

$$\mu = W/G \quad (5\text{-}13)$$

$$v\rho = G/(3\,600F) \quad (5\text{-}14)$$

式中　W——喷水室的喷水量,kg/h;

　　　G——通过喷水室的空气质量,kg/h;

　　　v——喷水室的断面风速,m/s;

　　　ρ——空气密度,kg/m³;

　　　F——喷水室迎风面面积,m²;

　　　A,A',m,m',n,n'——系数或指数,随喷水室参数及空气处理过程等的改变而改变。

综上,当喷水室参数一定时,如空气处理过程一定,则热工计算的目标就在于达到以下要求:空气处理过程需要的全热交换效率 η_1、通用热交换效率 η_2 应分别等于该喷水室能达到的 η_1、η_2;空气吸(放)热量应等于喷淋室中水放(吸)热量[136]。上述 3 个条件可用以下 3 个方程式表示[136]:

$$1 - \frac{t_{S2} - t_{w2}}{t_{S1} - t_{w1}} = A(v\rho)^m \mu^n \qquad (5-15)$$

$$1 - \frac{t_2 - t_{S2}}{t_1 - t_{S1}} = A'(v\rho)^{m'} \mu^{n'} \qquad (5-16)$$

$$G(h_1 - h_2) = W c_{wp}(t_{w2} - t_{w1}) \qquad (5-17)$$

式中,c_{wp} 为水的比定压热容,常温下为 4.19 kJ/(kg·℃)。

联立求解方程式(5-15)、式(5-16)和式(5-17)可得出 3 个未知数。

5.1.3.3 全风量大焓差冷却除湿简化数学模型

全风量大焓差冷却除湿过程是水滴与热湿空气之间传热传质同时发生的复杂过程,可将其简化为[138]:

(1)水滴简化为球状,其半径遵循一定函数 $f(r_w)$ 分布,且在全风量大温(焓)差冷却除湿装置内均匀分布,其平均粒径为 D_w。

(2)水滴经喷头喷出后,其下降过程中粒径不发生变化。

(3)水滴的速度保持恒定。

(4)水滴的 B_i(毕渥数)小于 0.1,故采用集总参数法研究水滴的换热。

(5)水滴紧贴的空气层视为与水温相同的饱和湿空气,焓为 $i_w(t_w)$。

(6)深部矿井的采区进风的相对湿度大于 90%,视为近饱和湿空气。

(7)每个水滴的热湿交换准则与单个水滴类似,为:

$$Nu = C_1 + C_2 Re_D^n Pr^m \qquad (5-18)$$

式中　Nu——水滴与空气热湿交换努塞尔数;

　　　C_1,C_2,n,m——实验常数,张寅平等[138]给出 $C_1 = 2$,$C_2 = 0.6$,$n = 0.5$,

　　　　　$m = 1/3$;

　　　Pr——普朗特数;

　　　Re_D——水滴的雷诺数,计算如下:

$$Re_D = \frac{u D_w}{\nu} \qquad (5-19)$$

式中　ν——水的动力黏滞系数,m/s²;

　　　u——水滴与风流之间的相对速度(水滴下降速度与水平方向风速的合

速度),该速度受风量大温(焓)差冷却除湿装置进风断面的风速及喷头实际情况(喷头的结构、间距和喷水方向)的影响;

D_w——空气-水的扩散系数,m^2/s。

湿传递准则数:

$$St = C_1 + C_2 Re_D^n Sc^m = \frac{h_{md}}{D_w} \qquad (5-20)$$

式中 St——传质斯坦顿数;

C_1,C_2——实验常数;

Sc——空气的施密特准则数;

h_{md}——空气与水滴间的传质系数,$kg/(m^2 \cdot s)$。

(8)在该传热传质过程分析中利用小于 1 的污垢换热系数修正空气中粉尘含量对传热传质的影响。

5.2 模型实验原型介绍

物理模型实验系统选取邯郸市梧桐庄矿为原型。根据几何与物理特征选取井下采区全风量大焓差冷却除湿装置作为研究对象。全风量大焓差冷却除湿装置的主要参数如下:

(1)处理风量:3 350 m^3/min;温度:28.2~32.0 ℃。

(2)喷淋式空调器参数:净长度约为 6.92 m;安装长度不小于 25 m;断面面积不小于 21 m^2;宽度×高度=5 000 mm×4 200 mm;喷水温度不大于 12.73 ℃、最终水温为 19.57~21.25 ℃;进风温度为干球温度 28.2~31.0 ℃、湿球温度24.2~26.2 ℃;出风温度为干球温度 16.2~18.2 ℃、湿球温度 16.1~18.1 ℃;大气压为107 790~109 990 Pa;一次喷水流量为 68.675 kg/s(247 m^3/h);二次喷水流量为68.675 kg/s(247 m^3/h)。

结构参数:喷嘴布置密度为 38~41 只/($m^2 \cdot$ 排),喷嘴直径为 5 mm,喷水静压力为 0.19 MPa。

二次串联喷淋式空调原理如图 5-5 所示,巷道断面结构示意图如图 5-6所示。

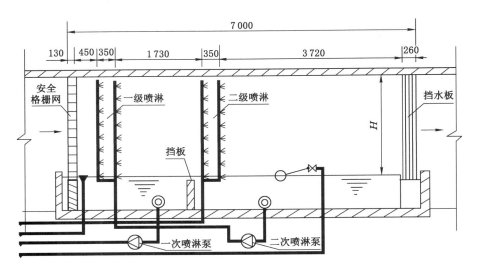

图 5-5 全风量大焓差冷却除湿装置结构图

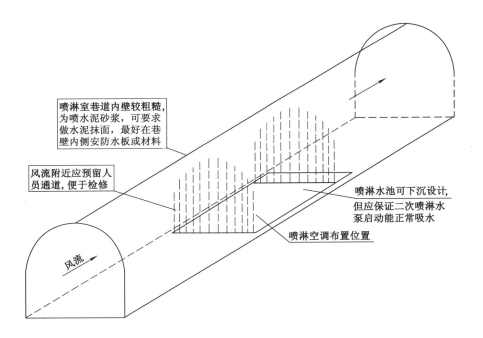

图 5-6 巷道断面结构示意图

5.3 全风量大焓差降温除湿模型实验设计

5.3.1 大焓差降温除湿的影响因素

（1）空气与水的初始参数的影响：空气的干球温度 t_A、湿球温度 t_s、露点温度 t_1 与水温 t_w 为混合换热的主要影响因素。其中水温 t_w 与空气的湿球温度 t_s、露点温度 t_1 的温差关系最为重要。

（2）空气质量流速 ρv 的影响。

（3）水气比 μ 的影响：

$$\mu = \frac{W}{G} \tag{5-21}$$

式中　W——喷水量，kg/s；

　　　G——风量，kg/s。

单个喷头喷水量取 0.226 m^3/h。

（4）喷淋室结构特征，如喷嘴排数与密度、喷嘴孔径、排管间距、喷水方向等的影响，如表 5-2 所示。

表 5-2　喷淋室结构特征的影响

影响因素	具体情况
喷嘴排数	单排与双排（设阀门关停），结构固定
喷嘴密度	38～41 只/(m^2·排)
排管间距	167 mm
喷水方向	对喷或顺喷
喷嘴孔径	5 mm

5.3.2 参数设计

根据空气与水的初始热湿参数（每一个对应的温湿度参数下），采用多因子设计实验（喷水方式、水气比 μ、喷水压力、喷水温度）。喷水方式有对喷与顺喷两种情况。喷嘴喷水压力有 0.15 MPa 和 0.20 MPa 两种工况，其中 0.20 MPa 工况下，水气比分别取 1.0、1.3、1.5；0.15 MPa 工况下，水气比分别取 0.82、1.0、1.2；喷水温度取 7～15 ℃，取整数。

根据实验结果回归得到第一热交换效率系数与第二热交换效率系数中各因

子指数与系数以及全风量大焓差冷却除湿装置的设计计算方法。

5.3.3 模型设计

根据相似实验原理,全风量大焓差冷却除湿装置为混合换热设备,空气与水直接接触进行热湿交换。因此进行模型实验,就需要制作和实际全风量大焓差冷却除湿装置相似的模型,即几何相似,流动相似$\left(\text{雷诺数 } Re = \dfrac{uD_w}{\nu} \text{ 相等}\right)$,热传递准则数$\left(\text{温度边界层:普朗特数 } Pr = \dfrac{\nu}{\alpha},\text{式中}, \alpha \text{ 为导热系数}\right)$相等,湿传递准则数$\left(\text{浓度边界层:施密特数 } Sc = \dfrac{\nu}{D_w}\right)$相等,水气比$(\mu = W/G)$相等,如表 5-3 所示。

表 5-3 原型与实验模型的相似关系

要素	具体说明
几何相似	水滴直径保持一致,此时只要喷口大小一致,间距与密度一致,则几何相似
流动相似	空气与水滴热湿交换中的流动准则数 Re 相等[水滴平均粒径相同(雾化喷头相同结构,相同流速),空气流速相同]
热传递准则数相等	空气-水系统的初始热力参数相同,则原型与实验模型的 Pr 相等
湿传递准则数相等	空气-水系统的初始热力参数相同,则原型与实验模型的 Sc 相等
水气比相等	原型与实验模型的 W/G 相等

5.4 全风量大焓差降温除湿模型实验系统

5.4.1 实验系统主要装置

全风量大焓差冷却除湿模型实验系统能够实现模拟热害矿井采区送风全风量冷却除湿的热湿交换过程,研究各因素对热湿交换效率的影响以及验证设计计算方法的正确性和不同工况下的降温除湿效果。

系统设计图如图 5-7 所示。实验系统主要包括 5 部分:实验冷源系统、模拟送风流装置、大焓差冷却除湿模拟装置、控制系统和测量系统。实验冷源系统主要包括融冰池、阀门、水泵、流量计、水管、喷嘴和水槽。模拟送风流装置主要包括进气口、风机、排气口。大焓差冷却除湿模拟装置主要包括排气口、挡水板、喷淋区、进气口。控制系统主要包括气体温控装置(由温湿度测量仪和风机变频控制器组成)和喷淋水水压控制装置(由阀门、水管、流量计、压力表组成)。测量系统主要包括测量冷水初始状态、喷淋状态、最后状态的温度传感器和测量空气初始状态与最终状态的温湿度传感器。

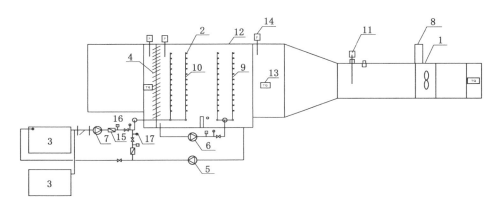

1—风机;2—喷头;3—融冰池;4—挡水板;5—喷淋水回水泵;6—二级喷淋泵;

7——一级喷淋泵;8—风机变频控制器;9—二级喷淋管;10——一级喷淋管;11—风量变送器;

12—喷淋水箱;13—温湿度测量仪;14—压力传感器;15—转子流量计;16—温度计;17—压力表。

图 5-7　全风量大焓差冷却除湿模型实验系统设计图

　　建成后的全风量大焓差冷却除湿模型实验系统如图 5-8 所示。

5.4.1.1　实验冷源系统

　　采用融冰池(按设定循环流量定时投等质量碎冰)作为冷源。喷水量 2.0～3.6 m³/h,水压约 353 kPa,喷淋支管公称直径 20 mm,总干管公称直径 25 mm(与水泵匹配选择)。水泵性能参数如表 5-4 所示。

　　泵扬程估算:

　　沿程阻力为:300×10＝3(kPa)。

　　局部阻力计算:3 个三通的局部阻力为 1.0×3＝3(kPa),3 个直角弯头的局部阻力为 2×3＝6(kPa),1 个过滤器的局部阻力为 1.0 kPa,3 个阀门的局部阻力为 16×3＝48(kPa)。

　　总局部阻力为:58×0.5×0.8²≈18.6(kPa)。

　　喷头阻力为:0.15～0.25 MPa。

　　水泵扬程 33 m,流量 4.0 m³/h(3 台)。

图 5-8　全风量大焓差冷却除湿模型实验系统

表 5-4 水泵性能参数

型号	流量 /(m³/h)	扬程 /m	转速 /(r/min)	电机功率 /kW	必需汽蚀余量 /m	质量 /kg
KDL 40/170-2.2/2	3.7	37.0	2 960	2.2	2.3	60
	5.3	36.0				
	6.4	34.5				

融冰池体积 2 m³,每小时耗冰量 4~5 块,每块质量 60 kg(-10~-5 ℃)。冰块及融冰池如图 5-9 所示。

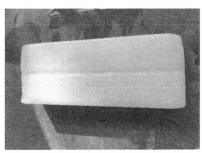

(a) 冰块   (b) 融冰池

图 5-9 冰块及融冰池

5.4.1.2 模拟送风流装置

该装置断面尺寸为 370 mm×304 mm,风量 2 010~3 600 m³/h,风机额定风量 4 200 m³/h,风压 300 Pa,功率 1.8 kW。风机性能参数如表 5-5 所示。

表 5-5 风机性能参数

机号	转速/(r/min)	叶角/(°)	风量/(m³/h)	风压/Pa	功率/kW
3.55	2 900	15	3 367	246	0.37
		20	4 426	277	0.55
		25	5 484	284	0.55
		30	5 965	306	0.75
		35	6 542	380	1.10

表 5-5(续)

机号	转速/(r/min)	叶角/(°)	风量/(m³/h)	风压/Pa	功率/kW
3.55	1 450	15	1 680	62	0.04
		20	2 208	59	0.06
		25	2 737	71	0.09
		30	3 265	76	0.09
		35	3 977	95	0.12

风机阻力计算:风管总长度 10 m,沿程风阻为 1.1×10＝11 (Pa),其他局部阻力约 30 Pa,喷淋装置与挡水板阻力约 90 Pa,总风阻约 131 Pa。

风速为 3.56～6.00 m/s,风管为 ϕ280 mm×0.75 mm,管内风速为 6～10 m/s。风管长 3.65 m,分成 3 段:进风段(0.9 m),出口段(2.35 m),测量段(稳压稳流段 0.4 m)。测量段开 3 个测量孔,孔径 10 mm 或者 15 mm。风机设变频控制器,调控风机风量。

5.4.1.3　大焓差冷却除湿模拟装置

大焓差冷却除湿模拟装置高约 600 mm,宽约 500 mm,长约 3 000 mm,采用轻质有机材料制作,具有一定的可见度,外部采用 20 mm 厚的橡塑保温(预留观察孔),橡塑公称直径为 25 mm。单排喷头布置图如图 5-10 所示。大焓差冷却除湿模拟装置立面图如图 5-11 所示,建成后的大焓差冷却除湿模拟装置如图 5-12 所示,喷淋区与喷水状态如图 5-13 所示。

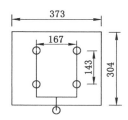

图 5-10　单排喷头布置图

5.4.1.4　控制系统

根据室外参数确定合适的进口湿度,相关参数由温湿度测量仪依据实验计划判定后决定。进风量由风机变频控制器调控。

喷淋水水压控制以调节阀门大小的方式来控制冷水的流速,根据压力表

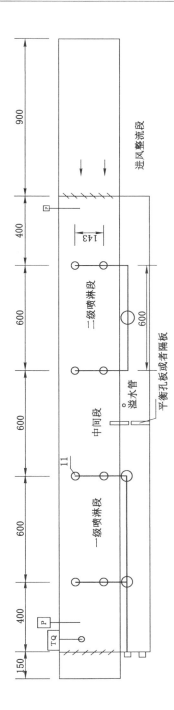

图 5-11　大焓差冷却除湿模拟装置立面图

图 5-12　建成后的大焓差冷却除湿模拟装置

（a）喷淋区　　　　　　　　　　（b）喷水状态

图 5-13　喷淋区与喷水状态图

和流量计的读数，达到实验计划表中所需的压力、流量。压力表与流量计如图 5-14 所示。

（a）压力表　　　　　　　　　　（b）流量计

图 5-14　压力表与流量计

5.4.1.5　测量系统

用 SWMA 微风速仪测定风量与风速，精度 0.1 m/s，并在模拟送风流装置中加设均速管测量风量。

风量测试：现有热线风速仪，采用等圆环直径法测量与风量罩测量相结合。大焓差冷却除湿模拟装置内采用 Taker85G 数据采集仪和 T 型热电偶测量空气干湿球湿度和温度。Taker85G 数据采集仪的记录时间段是 1 s，T 型热电偶的记录时间段是 10 s。热线风速仪与 Taker85G 数据采集仪如图 5-15 所示。

风压测试：风流入口段与风流出口段侧帮处设置直径为 10 mm 的取压孔，微压计测压差。

水量测试：采用转子流量计记录水流量。

水压测试：喷淋管装设 0.32 MPa 的压力计测量水压。

（a）热线风速仪　　　　　　　　（b）Taker85G 数据采集仪

图 5-15　热线风速仪与 Taker85G 数据采集仪

温湿度参数测试：冷水供回水管温度采用 4 个热电阻（直径 5 mm）进行测量。风流干球温度测试：入口段 1～2 个热电偶温度计；出口段 1～2 个热电偶温度计；一级喷淋与二级喷淋中间段 1 个热电偶温度计。进出口空气温湿度测试：进口和出口的地方用多通道温湿度测试仪，进口 2 个，出口 2 个。多通道温湿度测试仪及无纸记录仪如图 5-16 所示。

（a）多通道温湿度测试仪　　　　　　（b）无纸记录仪

图 5-16　多通道温湿度测试仪及无纸记录仪

湿球温度测点：入口段 1～2 个湿球温度传感器，出口段 1～2 个湿球温度传感器，一级喷淋与二级喷淋中间段 1 个湿球温度传感器。

测试仪表精度要求：湿球温度绝对误差不大于 0.2 ℃，精度等级 1.0。

5.4.1.6　主要设备与配电功率

实验中所用主要设备规格参数如表 5-6 所示，水泵与风机如图 5-17 所示。

表 5-6　模型实验主要设备规格参数及电功率表

序号	设备名称	规格参数	功率/kW	备注
1	一级喷淋泵	KDL 40/170-2.2/2	2.2	
2	二级喷淋泵	KDL 40/170-2.2/2	2.2	
3	喷淋回水泵	KDL 40/170-2.2/2	2.2	
4	风机	3.55	1.1	
5	变频控制器	VOC BOP-2	1.5	
6	转子流量计	DC 12 V		

　　　　(a) 水泵　　　　　　　　　　　　(b) 风机

图 5-17　水泵与风机

5.4.2　实验技术方案

　　模型实验是模拟热害矿井采区送风全风量冷却除湿的热湿交换过程,故利用夏季实验室高温高湿的规律,选取室内空气干球温度为 26～27 ℃,相对湿度为 85％±2.5％时进行实验,技术方案见图 5-18。

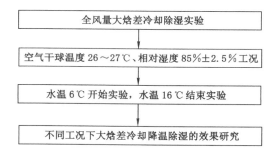

图 5-18　物理模型实验技术方案

当室内空气的干球温度和相对湿度达到实验要求,融冰池的冰水混合物温度相对稳定时,依次分别启动一级喷淋泵、二级喷淋泵和喷淋回水泵,然后打开风机,运行 5 min 后开始测量数据。其间根据实验方案调整风机的转速和喷水压力的大小。待喷淋水水温超过设定的水温时,实验结束。

5.4.3　温湿度及风速的校验

实验过程中,实验设备、周围环境和仪器校准等因素会造成数据的误差,对实验结果产生影响,故需分析得出实验误差不确定度的具体数值。实验测试中分直接测量量和间接测量量。其中温湿度、相对湿度、导热系数、风速、水流量、喷水室风速等为直接测量量,比热容、空气密度、相变热作为常量使用,而水气比、热量、对流换热系数等为间接测量量。

温度测量中,分别采用 T 型热电偶、多通道温湿度测量仪(型号 JTR08B)和无纸记录仪(型号 VXA5312R/TP4/U)。其中 T 型热电偶采用 2×0.2 mm 的规格,误差 $\pm 0.75\% t$,端头长度小于或等于 2 mm、去除端头多余部分后将热电偶打磨光滑,以锡焊方式焊接,对自制的 T 型热电偶进行校验,选择误差符合要求的备用。测试中采用 Taker85G 数据采集仪,采集仪采集温度的模拟信号后对采集温度自动补偿,与电脑相连后,在其软件中以模拟出的温度存储显示。热电偶需要依据现场工况对所测温度点进行误差标定。选取若干典型的温度点与标准温度进行比对。本实验中选用 0 ℃ 作为典型温度点进行标定。

校验采用 BH-03 热电偶参考端恒温器,如图 5-19(a)所示。

将自制的热电偶参考端插入 Taker85G 数据采集仪的模拟信号接口,热电偶测量端放入 BH-03 热电偶参考端恒温器内,待温度稳定后,间隔 20 s 记录一次数据,选取不少于 5 组,将多次测量值的平均值与 0 ℃ 比对,BH-03 热电偶参考端恒温器设置的 0 ℃ 为标准值。经校验,20 对热电偶,有 2 对的误差超过0.5 ℃,其余误差均小于 0.3 ℃,校验偏差一致性较好,对于误差 $\pm 0.75\% t$ 的热电偶是可以使用的。将校验热电偶与标准热电偶之间的差值作为修正值,温度修正后的绝对误差不大于 0.2 ℃。

空气湿度测量采用多通道温湿度测量仪,选用型号为 JTR08B 型的湿度传感器,测试温度精度为 ± 0.5 ℃,测量范围为 40～120 ℃;分辨率为 0.1 ℃。水温测量数据存储于无纸记录仪,其选用型号为 VXA5312R/TP4/U,精度为$\pm 0.2\%$。这两个仪器的传感器在出厂时已标定,测量前与通风干湿球温度计进行测量误差比对即可。

风速采用变频控制器进行控制,变频控制器如图 5-19(b)所示,采用TES1341 热线风速仪测量风速,其测试杆具有刻度且可以调节,满刻度时精度为 1.0％。利用等圆环面积法测量风机的平均风速。

（a）BH-03 热电偶参考端恒温器

（b）变频控制器

图 5-19　BH-03 热电偶参考端恒温器与变频控制器

5.4.4　测量误差分析

　　直接测量的温湿度、相对湿度、导热系数、风速、水流量、喷水室风速等的误差受多因素影响，主要有传感器与采集仪的精度、环境因素和读数的误差（数字仪表除外）等。为降低误差，测试中，全部数据采集装备均需接地，采用直径 1 cm 的铜线引至室外，并将其与直径 5 cm 的埋入潮湿土壤中的钢筋相连。直接测量得出数据的系统总误差，由误差平方之和的根得到：

$$\varepsilon = \sqrt{\varepsilon_1^2 + \varepsilon_2^2 + \cdots + \varepsilon_k^2} \tag{5-22}$$

　　实验中核心的测量量是风速、空气干湿球温度、空气相对湿度、进口水温、出口水温等参数。Taker85G 数据采集仪的全量程误差为 0.01％（换算为温度约等于 0.04 ℃），多通道温湿度测量仪的干球温度精度为 0.5％、相对湿度精度为 ±2％，无纸记录仪的全量程精度为 ±0.1％。其他参数的误差可依据产品的铭牌参数计算得出。核心参数的测量误差见表 5-7。

表 5-7　测量误差分析

项目	相对湿度	空气干球温度	风速	水温
传感器精度（相对误差）	2.5％	0.20 ℃	0.3 m/s	0.1 ℃
读数误差（数据采集仪）	0.1％	0.04 ℃	0.1 m/s	0.01 ℃
其他误差	1.0％	0.05 ℃	0.05 m/s	0.01 ℃
总绝对值误差	3.6％	0.29 ℃	0.45 m/s	0.12 ℃
总相对误差	4.0％	1.9％	2.0％	1.6％

实验中直接测量的值主要用于计算热平衡偏差,还需根据误差传递公式计算出间接测量值的误差:

$$\frac{\hat{\sigma} y}{y} = \sqrt{\left(\frac{\partial f}{\partial x_1}\right)^2 \left(\frac{\hat{\sigma} x_1}{y}\right)^2 + \left(\frac{\partial f}{\partial x_2}\right)^2 \left(\frac{\hat{\sigma} x_2}{y}\right)^2 + \cdots + \left(\frac{\partial f}{\partial x_n}\right)^2 \left(\frac{\hat{\sigma} x_n}{y}\right)^2} \quad (5\text{-}23)$$

热交换效率与接触系数的测量误差的分析为:

$$\frac{\hat{\sigma}_{\eta_1}}{\eta_1} = \sqrt{\left(\frac{\partial f}{\partial t_{S1}}\right)^2 \left(\frac{\Delta t_{S1}}{\eta_1}\right)^2 + \left(\frac{\partial f}{\partial t_{S2}}\right)^2 \left(\frac{\Delta t_{S2}}{\eta_1}\right)^2 + \left(\frac{\partial f}{\partial t_{w1}}\right)^2 \left(\frac{\Delta t_{w1}}{\eta_1}\right)^2 + \left(\frac{\partial f}{\partial t_{w2}}\right)^2 \left(\frac{\Delta t_{w2}}{\eta_1}\right)^2}$$

$$(5\text{-}24)$$

$$\frac{\hat{\sigma}_{\eta_1}}{\eta_2} = \sqrt{\left(\frac{\partial f}{\partial t_{S1}}\right)^2 \left(\frac{\Delta t_{S1}}{\eta_2}\right)^2 + \left(\frac{\partial f}{\partial t_{S2}}\right)^2 \left(\frac{\Delta t_{S2}}{\eta_2}\right)^2 + \left(\frac{\partial f}{\partial t_1}\right)^2 \left(\frac{\Delta t_1}{\eta_2}\right)^2 + \left(\frac{\partial f}{\partial t_2}\right)^2 \left(\frac{\Delta t_2}{\eta_2}\right)^2}$$

$$(5\text{-}25)$$

根据工程与实验参数实际数值,计算得热交换效率与接触系数的相对误差分别为 7.9% 和 9.3%。

5.5　全风量大焓差降温除湿相似实验结果分析

5.5.1　对喷方式下的处理效果分析

热害矿井采区集中降温中,因采区风量的控制要求,大焓差降温除湿装置采用低风阻的模式换热,主要采用对喷与顺喷两种方式,可实现无动力驱动的空冷器。实验中选择夏季 5:00～6:30,空气温湿度处于缓慢变化的时段(干球温度变化率<0.3 ℃/h),根据实时监控实验环境的气象参数从而选择接近热害矿井采区进风温湿度的参数点:空气干球温度 26～27 ℃、相对湿度 85%±2.5% 工况下,择时进行实验。

大焓差降温除湿装置在两级对喷工况下,喷水压力 0.2 MPa(喷嘴喷水质流量 0.125 kg/s)、进风干球温度 26.5 ℃±0.2 ℃、相对湿度 85%±2.5% 时,不同水气比下处理后的出风干球温度如图 5-20 所示,实测出风的相对湿度为 96%±2.5%(近饱和状态)。由图 5-20 可以看出,喷水压力 0.2 MPa、一次喷淋水供水温度低于 13 ℃时,3 种水气比下的出风干球温度均处于 18 ℃以下,且随着供水温度降低至 7 ℃时出风干球温度可以低至 14 ℃,从降温除湿空气调节的理论与工程实践出发,大焓差降温除湿装置除满足了空气处理的基本要求之外,还显示了其对降温装置冷媒供水温度的要求宽松的特点,并且可实现进出风大焓差

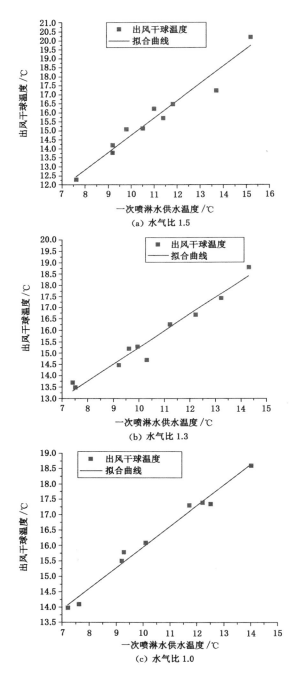

图 5-20　喷水压力 0.2 MPa 对喷方式下的出风干球温度

（>25 kJ/kg）。从 3 种水气比的实验结果不难看出，随着水气比的减小，相同喷淋水供水温度下出风温度升高，即在工程技术实践中可通过调控喷水量及喷水室的过流断面积提高除湿降温的效果。同时，深井钻孔输送的 3.8 ℃、5.0 ℃、6.0 ℃ 的一次冷冻水至井下高低压转换后，较为容易获得 7.0～12.0 ℃ 的二次冷冻水（降温冷媒水）。

图 5-21 中给出了喷嘴喷水压力 0.15 MPa（喷嘴喷水质流量 0.107 kg/s）工况下，进风干球温度 26.5 ℃±0.2 ℃、相对湿度 85％±2.5％时，不同水气比下处理后的出风干球温度。喷嘴喷水量降低后，大焓差降温除湿装置的出风温度在一次喷淋水温度低于 13.0 ℃ 时，出风干球温度依然能够达到 19.0 ℃ 以下，可见采用低阻的喷头降低水泵能耗时仍能获得较好的降温除湿效果。并且，在不同水量下，出风温度随水气比的变化是一致的。水气比为 0.82 工况下的实验数据，给出了低喷水量、高风速下的大焓差除湿降温的效果：在供水温度低于 13.9 ℃ 时出风干球温度仍能控制到 19.0 ℃，表明降低井下空调硐室断面尺寸、降低硐室变形的不利影响、降低造价的工程技术方案是可行的。

通过实验测试数据，可拟合得到两级喷淋的大焓差降温除湿装置的热交换效率及热接触系数的经验公式。根据喷淋热湿交换的通用热交换效率和热接触系数的数学表达式，得到两级喷淋的表达式如下：

$$\eta_1 = A(v\rho)^m \mu^n$$
$$\eta_2 = B(v\rho)^k \mu^c \tag{5-26}$$

两边同时取对数，两式整理后得：

$$\lg \eta_1 = \lg A + m\lg(v\rho) + n\lg \mu$$
$$\lg \eta_2 = \lg B + k\lg(v\rho) + c\lg \mu \tag{5-27}$$

将 6 种水气比的实测数据代入上式，求解线性方程组后可得相应的系数 $A = 0.952, m = 0.105, n = 0.347, B = 0.988, k = 0.000\,32, c = 0.000\,41$，并得到对应的热交换效率与热接触系数的实验公式如下：

$$\eta_1 = 0.952(v\rho)^{0.105} \mu^{0.347}$$
$$\eta_2 = 0.988(v\rho)^{0.000\,32} \mu^{0.000\,41} \approx 0.988 \tag{5-28}$$

可见，高湿度下冷却除湿的两级对喷大焓差的热接触系数基本不变，其值接近于 1，而热交换效率受水气比及单位面积的质流量影响较大，两级对喷的热交换效率在 0.95 以上。

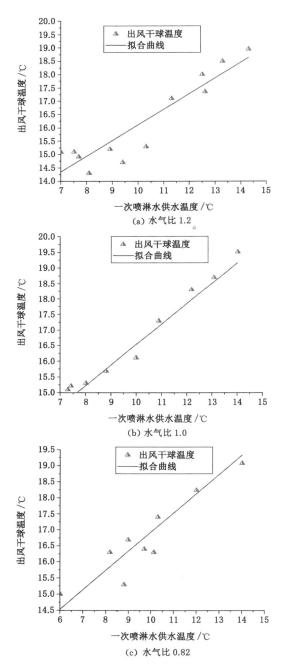

(a) 水气比 1.2

(b) 水气比 1.0

(c) 水气比 0.82

图 5-21　喷水压力 0.15 MPa 对喷方式下的出风干球温度

5.5.2　顺喷方式下的处理效果分析

　　大焓差降温除湿装置采用两级对喷工况,因有半数的水苗逆风流方向,使得大焓差喷淋室具有较大的风阻,在特定的环境下,需要减小大焓差降温除湿装置的风阻,由此将对喷的喷头改为顺喷,使得喷水为空气流动提供动力,顺喷方式下大焓差降温除湿装置为负风阻的空气处理设备。当然,顺喷下大焓差喷淋室的降温除湿效果会有一定的降低。实验中将其中的两组喷头调整方向,改为顺气流方向喷水,实验验证该种方式下的热湿交换效果。图 5-22 与图 5-23 分别给出了喷水压力 0.20 MPa 与喷水压力 0.15 MPa、进风干球温度26.5 ℃±0.2 ℃、相对湿度 85％±2.5％时,不同水气比下处理后的出风干球温度与一次喷淋水供水温度的关系图,实测出风的相对湿度为 96％±2.5％(近饱和状态)。

　　由图 5-22 与图 5-23 可以看出,相对于对喷工况,顺喷工况喷淋水供水温度相同时,出风温度略有升高。喷水压力 0.2 MPa,喷淋水供水温度在低于 13 ℃时,出风干球温度可控制在 18.5 ℃以下,相同供水温度及水气比时出风温度略高于对喷方式。降低喷水压力至 0.15 MPa,喷淋水供水温度在低于 13 ℃时,出风干球温度可控制在 19 ℃以下,能够满足除湿降温的需求,同时相对风阻会降低,实验验证了采区通风动力余量不足或者风阻较大的工况时,采用顺喷方式的大焓差降温除湿装置能够满足降温除湿的需求。同时,无论对喷与顺喷方式,在一次喷淋水供水温度较高(如达到 15 ℃)时,出风温度仍可有效地控制在 20 ℃以下,体现了大焓差降温除湿装置的适应性强的特点。同时,也给出了深地层复合结构保温输冷管输送冷冻水实施采区集中降温与分布降温的方案的灵活性及对采区降温负荷变化调控的简易化。与对喷(1 逆 1 顺)方式相比,顺喷方式(喷水方向与空气流动同向)下大焓差降温除湿装置降温除湿的能力略微降低,本次实验中出风温度升高值小于 0.5 ℃。

　　同时通过实验测试数据,可拟合得到两级顺流喷淋的大焓差降温除湿装置的热交换效率及热接触系数的经验公式如下:

$$\eta_1 = 0.936(v\rho)^{0.095}\mu^{0.315}$$
$$\eta_2 = 0.978(v\rho)^{0.000\,28}\mu^{0.000\,32} \approx 0.978$$

　　(5-29)

　　由顺喷与对喷方式的大焓差降温除湿装置降温除湿的热交换效率与热接触系数的实验经验公式看,两者相差较小。

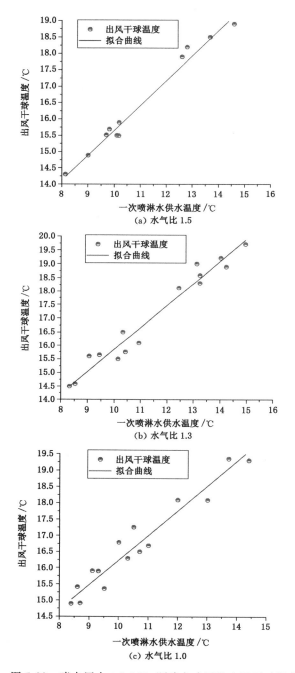

图 5-22 喷水压力 0.2 MPa 顺喷方式下的出风干球温度

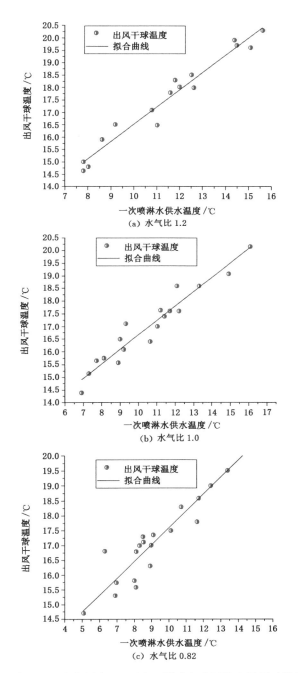

图 5-23 喷水压力 0.15 MPa 顺喷方式下的出风干球温度

5.6　本章小结

（1）本章提出了全风量大焓差集中降温的新思路，基于大焓差降温除湿装置的热湿交换机理，搭建了两级喷淋全风量大焓差降温除湿实验系统，开展了不同喷淋压力和冷水温度下喷嘴对喷和顺喷两种方式的降温除湿效果研究，解决了不同类型大焓差降温除湿性能测试难题。

（2）实验表明，对喷方式与顺喷方式的降温除湿性能均满足不同热害等级的采区降温需求，大焓差降温除湿装置对喷淋水供水温度的适应性较强，一级喷淋水供水温度 7～13 ℃时，处理后的出风干球温度均不高于 19 ℃，且当喷淋水供水温度降低至 7 ℃时出风干球温度可降低至 15 ℃以下。实验结果同时表明了深地层复合结构保温输冷管输送冷水能够提高采区降温效果。

（3）根据实验结果确定了对喷和顺喷方式下热交换效率及热接触系数的经验公式，计算了热交换效率和热接触系数，结果表明，对喷方式的热交换效率和热接触系数分别为 0.952 和 0.988，而顺喷方式的热交换效率和热接触系数分别为 0.936 和 0.978。综上，喷嘴对喷方式的降温除湿效果稍优于顺喷方式。该种方式下，喷水压力为 0.2 MPa，一次喷淋水供水温度低于 13 ℃时，出风干球温度均处于 18 ℃以下，且随着供水温度降低至 7 ℃时出风干球温度可以低至 14 ℃。

6 深井长距离输冷采区大焓差集中降温技术应用

前文以深部开采高温热害采区降温实际工程为背景展开高温矿井深地层输冷及采区集中降温技术研究,本章以研究结论为基础,针对邯郸市梧桐庄矿深部开采热害采区基本条件,提出并设计了降温方案,优化并确定了深部开采高温采区降温地面制冷穿越深地层输冷管道钻孔安装工艺与方案,研究加工了采区全风量集中大焓差降温除湿装置,通过矿井降温工程实施及运行实测验证高温矿井深地层输冷及采区集中降温技术的可行性及其系统的可靠与高效性。

6.1 工程概况

6.1.1 工程背景

邯郸市梧桐庄矿高温热害采区位于磁县西 18.0 km,采区上部地表海拔 +172～+205 m,采掘工作面海拔 −700～−500 m,地下局部涌水达到 44.0 ℃,地温受地下热水循环影响偏高,约为 35～36 ℃。该采区总进风巷巷口距离进风井井底约为 4 350 m,进风井井深约为 650 m,进风流动距离约为 5 000 m。冬季主广场进风井井底空气最低温度约为 16.0 ℃,受冬季井口防冻加热及井筒压缩升温等因素影响,高温热害采区总进风温度约为 30.0 ℃,相对湿度 75.7 %;夏季进风井井底气温约为 26.8 ℃、相对湿度 89.2%,采区总进风温度 32.0 ℃、相对湿度 95%、大气压 107 990 Pa。采区整体出现常年高温热害现象,夏季热害严重无法正常生产,冬季有所缓解。该采区需要采取常年降温措施,以确保工作面安全稳定生产。

6.1.2 降温冷负荷

需降温高温热害采区工作面分布及进风巷位置如图 6-1 所示。该采区设计 1 个采煤工作面、2 个掘进工作面,总风量约为 2 300 m³/min。夏季采区总进风温度为 32.0 ℃,相对湿度约为 95%,显然总进风巷内温度较高,基本降温方案是采区集中降温与工作面分布式降温相结合,也即首先在采区总进风巷内集中降温,将总

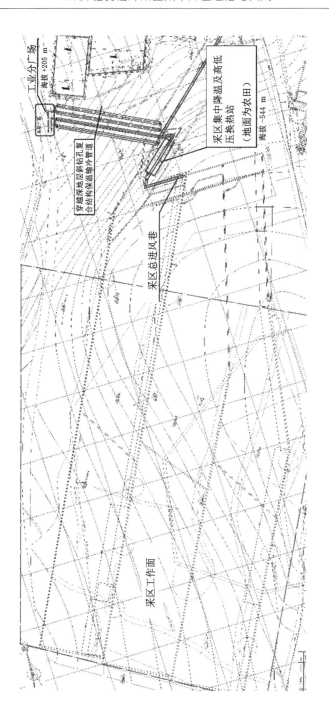

图 6-1　需降温高温热害采区工作面分布及总进风巷布置图

进风巷至工作面前的空气温度降至 26.0 ℃,然后再在工作面前设置空冷器局部降温,满足工作面生产降温需要。由总进风巷空气温度为 32.0 ℃、相对湿度约为 95%、大气压 107 990 Pa,则空气焓值为 102.0 kJ/kg(a)、密度为 1.21 kg/m³,集中降温之后的空气温度为 22.0 ℃,相对湿度设为 95%,焓值为 60.6 kJ/kg(a),则集中降温冷负荷约为 1 924.0 kW。又由于采煤工作面前送风量为 1 500 m³/min,进风温度为 27.0 ℃、相对湿度约为 90%,焓值为 77.3 kJ/kg(a)、密度为 1.24 kg/m³,降温处理后工作面进风空气温度为 20.0 ℃、相对湿度设为 90%,焓值为 52.2 kJ/kg(a),工作面降温冷负荷约为 776.0 kW。掘进工作面按矿方设计提供风量 400 m³/min 计算,进风温度 27.0 ℃、送风温度 20.0 ℃,冷负荷约为 205 kW,2 个掘进头约为 410 kW。则降温需要总冷负荷约为 3 110.0 kW。

6.1.3 方案确定

深部开采高温工作面降温要解决的核心问题仍然是井下降温制冷冷凝散热难题,通常解决这一难题的主要技术方案为:① 地面制冷地面散热、输冷至井下高温工作面降温;② 地面散热、井下制冷、工作面降温;③ 利用井下工作面乏风携带散热,井下制冷工作面降温;④ 利用矿井涌水排水系统辅助散热,井下制冷工作面降温等。该高温采区涌水温度较高,达到 44.0 ℃,且浊度较大、腐蚀性高、流量不稳定,作为工作面降温制冷散热介质可靠性较低、能效较低,因此,不宜采用矿井涌水散热工作面降温方案;况且该采区回风巷内设置运输轨道,也不宜采用回风散热工作面降温方式。因此,可以采用地面制冷输冷水至井下降温的方案,也可以采用井下制冷工作面降温冷却水至井上散热的降温方案。其中井下制冷地面散热虽然缩短了输冷距离,但是相对于地面制冷输冷至井下降温方案,该种方式存在以下问题:需要冷却水循环输送冷凝热量至地面、水流量大于制冷量、输冷管径较大、井下巷内安装难度大,特别是必须有两根立管连通至地面,且井下设备必须为煤安防爆防潮制冷机组,冷却水直接进机组则需要耐高压冷凝器、设备维护维修难度大、造价高、安装井下空间要求高等;地面制冷输冷水至井下满足采区降温存在输冷距离较远、冷损失较大,也同样需要供回水立管连通井上井下等难题。为此提出了穿越深地层复合结构保温管输冷的地面制冷井下降温采区降温方案,该方案在就近采区上方地面设置地面制冷站、定向钻多斜孔安装冷水输送管道,如图 6-1 所示。总进风巷前 150 m 海拔 −544 m 深度的巷道可用作井下集中降温除湿空调装置和高低压换热站布置硐室。该位置垂直地面为农田保护区,而距离该位置西北方向 450 m 位置为该采区地面工业分广场,井上井下位置对照如图 2-1(a)所示,可布置井下降温地面制冷站。采用该降温方案,利用穿越深地层复合结构保温输冷管有效解决了井上井下输冷难题,同时缩短了输冷距离,可有效降低输冷损失,为提高矿井降温系统能效提供了良好条件。

6.2 方案设计

6.2.1 系统工艺原理

基于穿越深地层复合结构保温输冷传热与力学研究及全风量大焓差集中降温关键技术与装置实验研究结论提出了地面制冷穿越地层输冷井下高温采区降温技术方案,系统原理如图 6-2 所示。该降温系统主要由地面制冷站集中制冷系统、穿越深地层一次冷冻水输送系统、高低压换热系统、全风量大焓差采区集中降温及其冷量交换系统、采掘工作面分布式降温二次冷冻水输送系统等部分组成。该降温方案采用多钻孔小孔径复合结构保温输冷管系统有效缩短输冷距离与施工周期,自地面至井底高低压换热站输冷距离约为 938 m,相对于自主广场主井立管输冷方式的输冷距离(5 690 m)缩短了 4 752 m,有效降低了冷损失,减小了输冷管出水端温升,减小了巷内冷冻水供回水管路施工难度,有效解决了井下降温制冷散热难题,同时避免了制冷机组下井,提高了制冷机组能效,降低了机组与制冷系统运行维护保养及维修难度和工作量,也有效降低了投资,为采区集中与分布降温相耦合降温技术提供了保障。

基本工艺流程为:地面制冷站冷却水在冷却水循环泵作用下自室外冷却塔抽吸输送至制冷机组冷凝器,将制冷机组制冷冷凝热散至冷却水,冷却水将冷凝热输送至室外冷却塔并将热量散至大气中;制冷机组制取低温冷冻水经一次冷冻水循环泵加压输送至穿越深地层输冷管路供水管,至井下采区高低压换热器与二次循环冷冻水冷量交换温度升高,之后经穿越深地层输冷管路回水管返回至地面制冷机组再次降温循环输冷;井下二次循环水泵将高低压换热器低压侧吸收冷量之后的二次循环冷冻水输送至集中降温空调器换热器和采掘工作面分布降温空冷器,在空调器内冷水释放冷量,对工作面高温高湿送风降温除湿,满足采区和采掘工作面降温需要,冷水温度升高返回至高低压换热器低压侧继续吸收高压侧一次冷冻水冷量而降温,再次经二次循环冷冻水泵加压循环输送冷量;采区集中降温空调器循环泵自空调器抽吸冷水加压,经过空调器换热器与二次循环冷冻水冷量交换,空调冷水温度降低后被送入采区集中降温全风量大焓差矿用降温空调器,对采区高温高湿总进风降温除湿,实现采区集中降温;为了确保系统稳定运行,在地面制冷站内设置软化水和定压补水装置,及时对一次冷冻水循环系统补水定压,同时在井下高低压换热站硐室内也设置软化水和定压补水装置,及时对二次冷冻水循环系统补水定压。

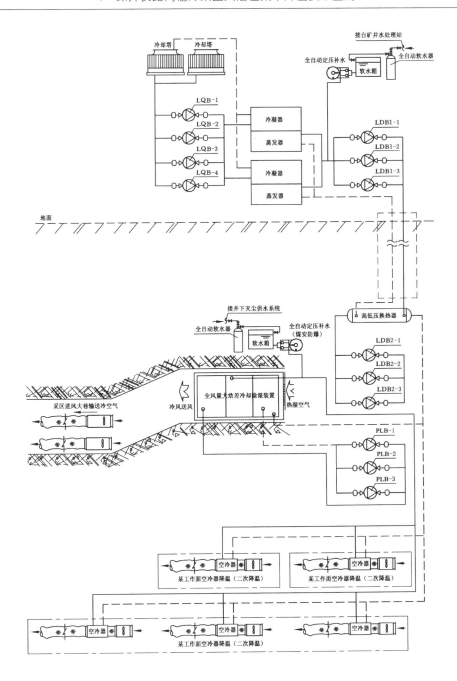

图 6-2 深层输冷采区集中降温原理图

6.2.2　关键技术与工程实施

穿越深地层复合结构保温输冷与采区全风量大焓差集中降温除湿技术是深部开采高温热害采区采掘工作面降温方案实施的关键技术,上述的基本研究为方案设计与关键装备加工及工程顺利实施提供了基本理论基础,在项目实施过程中,基于穿越深地层输冷技术与全风量大焓差降温除湿技术试验研究的基本结论制定了实施技术方案。

6.2.2.1　钻孔施工方案简介及现场

根据穿越深地层复合结构输冷管传热及力学研究分析,采用 4 趟 ϕ194 mm×8.33 mm 石油套管作为输冷管能较好地满足输冷参数要求。鉴于此种情况,为了保质保量按时完成任务,从钻井工艺和施工工序两方面提出变更方案。

（1）钻井工艺概况

输冷管钻孔工艺采用美国雪姆 T200XD 钻机施工。钻孔孔身结构示意如图 6-3 所示。钻进与方向及位移参数如表 6-1 所示。

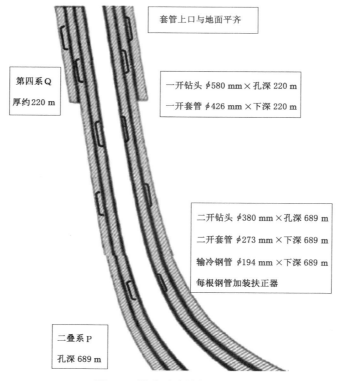

图 6-3　钻孔孔身结构示意图

表 6-1　钻进与方向及位移参数表

井深/m	井斜/(°)	方位/(°)	垂深/m	海拔/m	南北/m	东西/m	X/m	Y/m	造斜率/[(°)/100 m]
0	0	0	0.00	183.00	0	0	21 371.56	516 348.75	0
30	10.00	120.93	30.00	153.00	0	0	21 371.56	516 348.75	0
50	10.00	120.93	50.00	133.00	0	0	21 371.56	516 348.75	0
60	10.00	120.93	60.00	123.00	−0.03	0.05	21 371.52	516 348.80	2.2
90	10.00	120.93	89.98	93.02	−0.53	0.88	21 371.03	516 349.63	2.2
120	10.00	120.93	119.91	63.09	−1.61	2.69	21 369.95	516 351.44	2.2
150	10.00	120.93	149.73	33.27	−3.28	5.48	21 368.27	516 354.23	2.2
180	10.00	120.93	179.40	3.60	−5.55	9.26	21 366.01	516 358.01	2.2
200	11.00	120.93	199.08	−16.08	−7.38	12.31	21 364.18	516 361.06	2.2
210	12.60	120.93	208.87	−25.87	−8.43	14.07	21 363.13	516 362.82	4.8
240	17.40	120.93	237.84	−54.84	−12.42	20.73	21 359.14	516 369.48	4.8
270	22.20	120.93	266.06	−83.06	−17.64	29.44	21 353.92	516 378.19	4.8
300	27.00	120.93	293.33	−110.33	−24.06	40.15	21 347.50	516 388.90	4.8
330	31.80	120.93	319.45	−136.45	−31.63	52.78	21 339.93	516 401.53	4.8
350	35.00	120.93	336.15	−153.15	−37.28	62.22	21 334.27	516 410.97	4.8
360	35.26	120.93	344.33	−161.33	−40.24	67.16	21 331.32	516 415.91	0.77
390	36.03	120.93	368.71	−185.71	−49.23	82.15	21 322.33	516 430.90	0.77
420	36.80	120.93	392.85	−209.85	−58.38	97.43	21 313.18	516 446.18	0.77
450	37.57	120.93	416.75	−233.75	−67.70	112.98	21 303.86	516 461.73	0.77
480	38.34	120.93	440.41	−257.41	−77.18	128.81	21 294.38	516 477.56	0.77
500	38.85	120.93	456.04	−273.04	−83.59	139.51	21 287.96	516 488.26	0.77
501	38.91	120.93	456.79	−273.79	−83.90	140.02	21 287.65	516 488.77	1.768
510	38.91	120.93	463.82	−280.82	−86.82	144.89	21 284.74	516 493.64	0
540	38.91	120.93	487.17	−304.17	−96.51	161.06	21 275.05	516 509.81	0
570	38.91	120.93	510.51	−327.51	−106.19	177.22	21 265.37	516 525.97	0
600	38.91	120.93	533.86	−350.86	−115.87	193.38	21 255.68	516 542.13	0
630	38.91	120.93	557.20	−374.20	−125.56	209.54	21 246.00	516 558.29	0
660	38.91	120.93	580.55	−397.55	−135.24	225.71	21 236.31	516 574.46	0
689	38.91	120.93	603.00	−420.00	−144.56	241.25	21 227.00	516 590.00	0

一开定向斜孔（10°井斜开孔），使用 ϕ580 mm 钻头，钻至孔深 220 m（至第四纪表土层以下，进基岩 3.0～5.0 m）。下入 ϕ426 mm×12 mm 直缝套管至 220 m（焊接采取对接方式，并加焊帮块，另焊接球形铁块作为异向扶正器）。一开固井，水泥浆密度不小于 1.65 g/cm³（实际密度 1.70～1.78 g/cm³），采用普通硅酸盐 42.5 级水泥浆固井、堵水，水泥浆返至地面。

二开斜孔导向采用 ϕ216 mm 钻头＋ϕ165 mm 螺杆施工。按设计轨迹适时微调，逐步增大井斜，导向到目的地 689 m。然后使用扩孔钻头 ϕ380 mm 钻头，钻至孔深 689 m。下入 ϕ273 mm×8.89 mm 套管至 689 m（每根加扶正器居中，扶正器用无缝钢管及 15 mm 钢板定制）。二开固井，注水泥浆固井，仍采用 42.5 级水泥浆固井、堵水，水泥浆返至地面。待水泥凝固后扫孔至孔底，下入输冷管道 ϕ194 mm×8.33 mm 套管至 689 m（每根加扶正器居中，扶正器用无缝钢管及 15 mm 钢板定制）。输冷管与套管之间注泡沫水泥浆固井并形成主要保温层，泡沫水泥浆返至地面，根据前文研究选用泡沫水泥浆的性能参数如表 6-2 所示。待水泥凝固后扫孔至孔底，提出输冷管道内的水并进行压缩空气清扫（管内残余水最高不大于 20 m）。

表 6-2　泡沫水泥浆性能表

项目	技术指标
地面浆密度/(g/cm³)	≥0.84
井下浆密度/(g/cm³)	1.20
抗压强度(52 ℃,21 MPa,24 h)/MPa	≥8.0
稠化时间(30～100 ℃)/min	可调
初始稠度/Bc	≤30
氮气发气量(室温,常压)/cm³	≥380
水泥浆组分	G 级水泥(高抗硫):792 g,蒸馏水:349 g,发泡剂 1:16 g,发泡剂 2:8 g,稳泡剂:32 g

（2）施工工序

① 一开施工。

一开采取 10°斜直井开孔的方法，采用 ϕ580 mm 钻头施工，进入基岩 3.0～5.0 m。以钻井液循环，并及时测斜，掌握导向孔轨迹。

一开钻具组合：ϕ580 mm 钻头＋ϕ159 mm 无磁钻铤＋ϕ159 mm 钻铤＋ϕ300 mm 扶正器＋ϕ127 mm 钻杆。

钻进技术参数为：钻压 20～80 kN；转速 80 r/min；排量 30 L/s。

② 一开完井。

下入 $\phi 426$ mm×12 mm 直缝套管至 220 m(焊接采取对接方式,并加焊帮块,另焊接球形铁块作为异向扶正器)。一开固井,水泥浆密度不小于 1.65 g/cm³,采用 42.5 级水泥浆固井,水泥浆返至地面。

③ 二开施工。

二开钻进:二开斜孔导向采用 $\phi 216$ mm 钻头+$\phi 165$ mm 螺杆施工。按设计轨迹适时微调,逐步增大井斜,导向钻到目的地 689 m。然后使用扩孔钻头 $\phi 380$ mm 钻头,钻至孔深 689 m。

二开钻具结合:$\phi 216$ mm 钻头+$\phi 165$ mm 螺杆马达+$\phi 159$ mm 无磁钻铤+$\phi 159$ mm 钻铤+$\phi 127$ mm 钻杆;$\phi 380$ mm 钻头(带导向扩孔钻头)+$\phi 159$ mm 无磁钻铤+$\phi 159$ mm 钻铤+$\phi 127$ mm 钻杆。

钻进技术参数为:钻压 20~80 kN;转速 80 r/min;排量 30 L/s。

④ 二开完井。

下入 $\phi 273$ mm×8.89 mm 套管(内径 255.22 mm)至 689 m(每根加扶正器居中,扶正器用无缝钢管及 15 mm 钢板定制)。二开固井,注 42.5 级水泥浆固井,水泥浆返至地面。待水泥凝固后扫孔至孔底,下入输冷管道 $\phi 194$ mm×8.33 mm 输冷钢管(内径 177 mm)×689 m(每根加扶正器居中,扶正器用无缝钢管及 15 mm 钢板定制)。在输冷管与套管之间注泡沫水泥浆固井,水泥浆返至地面,候凝。

⑤ 加固井口、排水、完井。

全井候凝结束,用 20 mm 厚钢板把一开与二开套管焊牢,加焊竖钢板 4 块进行加固;用 20 mm 厚钢板把二开套管与输冷管道焊牢,加焊竖钢板 4 块进行加固,并用 $\phi 175$ mm 钻头,把下部水泥塞扫掉。采用提水方法,把孔内积水排出(管内残余水最高不大于 20 m),全孔结束。

(3)工程实施现场

穿越深地层钻井与复合结构保温输冷管安装现场如图 6-4 所示。

6.2.2.2 集中降温装置及降温制冷系统实施与运行

采区送风集中全风量大焓差降温除湿技术是深部开采高温采区地面制冷穿越深地层输冷井下降温方案的关键技术,基于风水直接冷量交换理论与实验研究结论设计并定制加工了该降温除湿装置,并通过工程实施形成了完整的矿井降温系统。

(1)集中降温空调器设备定制加工

采区集中降温除湿空调装置设计进风温度 32.0 ℃、相对湿度约为 95%、风量 2 300 m³/min,设计出风温度 22.0 ℃、相对湿度设为 95%,冷负荷约为 1 924.0 kW。采掘工作面局部降温前置净化功能空冷器处理风量 450 m³/min,

（a）钻井钻机　　　　　　　　　　　（b）保护套管

（c）下套管　　　　　　　　　　（d）套管固管注浆工艺车

（e）输冷管　　　　　　　　（f）冷水管固管保温泡沫浆车

（g）封孔成井　　　　　　　　　（h）输冷水管道定位检查

图 6-4　穿越深地层钻井与复合结构保温输冷管安装施工现场

进出风温度 27.0 ℃/20.0 ℃,冷量 206 kW,水流量 32.1 m³/h。研制加工的采区集中降温除湿空气处理装置及局部降温空冷器如图 6-5 所示。

（a）采区集中全风量降温装置　　　　　（b）降温装置内部一角

（c）局部降温空冷器　　　　　（d）局部降温空冷器净化部分

图 6-5　采区集中降温除湿空气处理装置及局部降温空冷器

（2）降温制冷与井下换热站及集中空调安装实施现场

通过工程实施，地面制冷站现场与井下高低压换热站硐室及采区集中降温装置如图 6-6 所示。

（a）地面制冷站制冷机组

（b）地面制冷站一角　　　　　（c）制冷站外侧冷却塔

图 6-6　制冷站与井下换热硐室及集中空调现场图

（d）采区集中全风量降温装置井下布置　　　（e）换热硐室（循环水泵）

图 6-6 （续）

6.3　工程应用效果

降温系统经过现场实施和调试顺利开机运行实现降温，根据采区开拓规划属于开采前期，工作面通风距离较短，主要满足采区集中降温。降温系统运行稳定后制冷机组运行状态如图 6-7 所示，运行中系统关键点温度分布如图 6-8 所示。对应参数如表 6-3 所示。采区集中降温除湿参数如表 6-4 所示。

图 6-7　降温系统制冷机组运行状态图

6.3.1　降温系统输冷温度分布实测分析

降温系统穿越深地层输冷系统将地面制冷站冷量输送至井下采区高低压换热硐室，满足采区降温需要。

系统经过调试即可投入降温运行，运行前应再次将系统进行清洗、检查过滤器辅助设备，重新充水、系统补水排气定压，然后投入运行。本章节按照运行启动阶段、运行初始阶段及稳定运行阶段等 3 个阶段实测和记录部分数据，降温输冷系统运行关键点温度参数及一次冷冻水与二次冷冻水流量如表 6-3 所示。

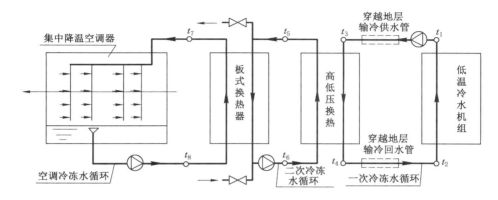

图 6-8   降温系统关键点温度分布示意图

表 6-3   降温系统关键点温度实测及流量记录

序号	制冷机组运行时间 /h	机组出水温度 t_1/℃	机组进水温度 t_2/℃	供水输冷管末端水温 t_3/℃	输冷管回水入口水温 t_4/℃	高低压换热器低压出水温度 t_5/℃	高低压换热器低压进水温度 t_6/℃	集中空调喷水温度 t_7/℃	集中空调回水温度 t_8/℃	一次冷冻水流量 /(m³/h)	机组制冷量 /kW	二次冷冻水流量 /(m³/h)
1	0.0	27.4	28.2	27.5	27.8	27.9	28.1	28.0	28.3	220.0	未开机	345.0
2	0.5	23.9	28.5	26.4	27.0	26.9	27.3	27.1	27.7	218.0	1 166.3	348.8
3	3.0	13.5	18.8	14.6	18.2	16.2	18.6	16.8	20.1	221.0	1 362.2	331.5
4	10.0	12.5	17.7	13.3	17.2	15.0	17.6	15.9	19.5	219.0	1 324.4	328.5
5	24.0	4.3	12.1	4.8	11.6	8.7	13.2	9.5	15.6	215.4	1 954.0	323.1
6	46.0	3.9	11.0	4.4	10.6	8.2	12.4	9.8	15.5	220.2	1 818.3	330.3

　　从数据可见,在系统充水、排气完毕后,启动冷冻水循环水泵,继续排气,检查系统是否存在问题。此过程中,制冷机组未启动前,水泵运行对水做功,同时穿越深地层输冷管围岩原始岩温较高,循环过程中水温逐渐升高。在制冷机组启动起始阶段,系统内水温较高,需要制冷机组将其热量逐渐吸收提出,运行约 30 min 后,回水温度不再升高,启动阶段结束,回水和供水温度均开始逐渐降低,降温系统开始带冷循环运行,进入初始运行阶段。该阶段一方面继续降低系统冷水温度,同时冷却输冷管围岩,并向井下采区降温装置输送冷量,运行约 3 h,系统降温幅度减小,输出冷水温度趋于稳定,并随着冷负荷变化而变化。

对上述数据进行计算分析如表 6-4 所示,机组进出水温度变化如图 6-9 所示。穿越深地层复合结构输冷管内冷水冷损失逐渐减小,输冷管内进出水温升损失趋于稳定,供、回水输冷管温升冷损失如图 6-10、图 6-11 所示,输冷损失占制冷量的比例变化如图 6-12 所示。

表 6-4　输冷损失计算分析

序号	制冷机组运行时间 /h	机组出水温度 t_1/℃	机组进水温度 t_2/℃	机组制冷量 /kW	降温空调水量 /(m³/h)	用于降温冷量 /kW	供水管损失 /kW	供水管温差损失 /℃	回水管损失 /kW	回水管温差损失 /kW	穿地层输冷总损失 /kW	穿地层输冷损失比例 /%
1	0.0	27.4	28.2	未开机	/	/	/	0.10	/	0.40	/	/
2	0.5	23.9	28.5	1 166.3	208.1	145.2	633.8	2.50	380.3	1.50	1 014.1	87.0
3	3.0	13.5	18.8	1 362.2	211.0	809.6	282.7	1.10	154.2	0.60	436.9	32.1
4	10.0	12.5	17.7	1 324.4	209.0	875.2	203.8	0.80	127.3	0.50	331.1	25.0
5	24.0	4.3	12.1	1 954.0	205.6	1 458.7	130.3	0.52	115.2	0.46	245.5	12.6
6	46.0	3.9	11.0	1 818.3	210.2	1 393.4	115.2	0.45	97.3	0.38	212.5	11.7

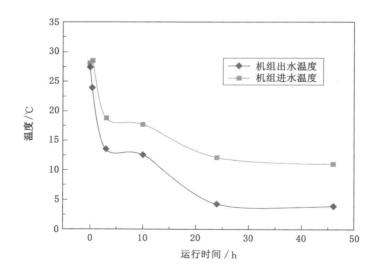

图 6-9　制冷机组进出水温度变化

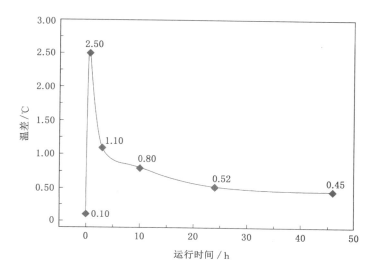

图 6-10　输冷供水管温度损失变化

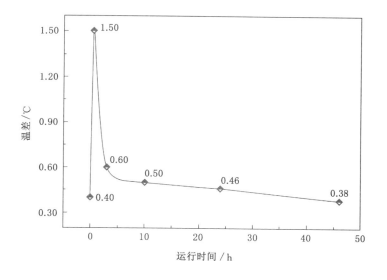

图 6-11　输冷回水管温度损失变化

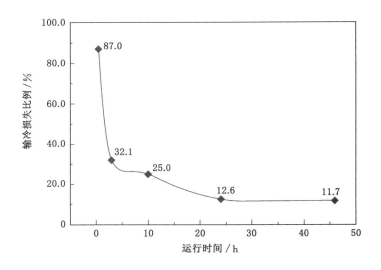

图 6-12　输冷损失占制冷量的比例变化

随着运行时间延长,低温冷水恒温出水制冷机组输出冷水温度逐渐接近设计值 3.8 ℃,运行 10 h 之后穿越深地层输冷供水管温升逐渐趋于稳定,冷水与围岩土体之间的传热量逐渐减小也趋于稳定,冷损失也逐渐减小。46 h 后输冷管供水温升为 0.45 ℃、输冷管回水温升为 0.38 ℃,小于数值模拟不大于 0.85 ℃ 的分析结果,输冷损失在 4 h 之内即可低于 33%、10 h 内低于 26%、24 h 低于 15%,且随着运行时间延长温升仍缓慢逐渐减小。可见本方案研究设计的穿越深地层复合结构保温输冷管具有良好的绝热保温效果,可实现短时间内输冷损失的降低,有效保证了低温冷水输送品质,且安全稳定可靠。

6.3.2　采区集中降温装置降温除湿及工作面效果实测与分析

基于风水直接冷量交换理论与实验研究结论进行采区集中降温全风量大焓差降温除湿装置设计并定制加工了本降温工程项目除湿装置,通过工程实施形成了穿越深地层输冷高温热害采区矿井降温系统,经过调试并投入运行,针对采区集中降温除湿装置进行了实测分析。

6.3.2.1　采区集中降温全风量大焓差降温装置降温实测分析

降温设备基本运行测试参数如表 6-5 所示,并进行实测数据计算分析,结果如表 6-6 所示。

表 6-5 采区集中降温装置降温除湿运行实测

序号	制冷机组运行时间/h	集中降温装置进风量/(m³/min)	进风干球温度/℃	进风湿球温度/℃	喷水温度/℃	回水温度/℃	喷水流量/(m³/h)	出风干球温度/℃	出风湿球温度/℃	大气压力/Pa	集中降温装置风阻/Pa
1	0.5	1 295.0	30.0	29.1	27.1	27.7	208.1	28.0	28.0	106 500	8.6
2	3.0	1 284.0	29.8	28.6	16.8	20.1	211.0	21.0	20.8	106 300	8.5
3	10.0	1 306.0	29.4	28.4	15.9	19.5	209.0	20.2	20.0	106 600	8.8
4	24.0	1 650.0	29.4	28.2	9.5	15.6	205.6	16.2	16.2	106 700	14.0
5	46.0	1 635.0	29.2	28.1	9.8	15.4	210.2	16.5	16.5	106 600	13.8

表 6-6 采区集中降温装置降温除湿运行实测数据计算分析

序号	制冷机组运行时间/h	进风量/(m³/min)	进风干球温度/℃	出风干球温度/℃	空调冷量/kW	降温温差/℃	焓值降低/[kJ/kg(a)]	降温除湿凝水量/(m³/h)	水气比/(kg/kg)
1	0.5	1 295.0	30.0	28.0	133.4	2.0	5.1	0.1	—
2	3.0	1 284.0	29.8	21.0	811.2	8.8	31.4	0.8	2.27
3	10.0	1 306.0	29.4	20.2	873.4	9.2	33.2	0.9	2.21
4	24.0	1 650.0	29.4	16.2	1 463.2	13.2	44.0	1.4	1.72
5	46.0	1 635.0	29.2	16.5	1 402.9	12.7	42.5	1.4	1.77

从实测数据可见,降温系统制冷机组运行前 3 h 为系统热平衡过程,制冷机组制取冷量对系统冷冻水、设备与输冷管道及保温材料、围岩等进行冷却,消耗大量冷量,由此导致制冷机开启初始阶段采区集中降温进出风温差和焓降相对较小。随着制冷机组运行,系统余热量逐渐减少,建立新的冷热传递平衡,冷量逐渐输送至降温空气处理装置,约在 10 h 之后,采区降温除湿装置进入相对稳定降温工况,出风参数伴随总进风巷风量与温湿度参数变化而变化。

本工程项目研究定制加工的采区全风量大焓差降温除湿装置正常运行后,在风量为 1 306.0 m³/min、相对较小时,进风温度为 29.4 ℃、出风温度为 20.2 ℃,降温温差约为 9.2 ℃,焓值降低 33.2 kJ/kg(a),空气除湿量约为 0.9 m³/h,水气比约为 2.21 kg/kg;运行 24 h 后,制冷机组出水温度达到 4.3 ℃,相对较稳定,输冷损失较小,冷量利用效率升高,风量约为 1 650.0 m³/min,出风温度达到 16.2 ℃,温降为 13.2 ℃,焓值降低 44.0 kJ/kg(a),空气除湿量约为

1.4 m³/h,水气比约为 1.72 kg/kg;相应的运行 46 h 后,机组出水温度达到 3.9 ℃,处理风量 1 635.0 m³/min,出风温度达到 16.5 ℃,温降为 12.7 ℃,焓值降低 42.5 kJ/kg(a),空气除湿量约为 1.4 m³/h,水气比约为 1.77 kg/kg。24 h 与 46 h 工况基本接近,受一次冷冻水供水流量波动影响,出风参数稍有变化。总之,在达到稳定运行后,降温温差超过 10.0 ℃,焓值降低超过 40 kJ/kg(a),除湿量达 1.4 m³/h,较好地实现了采区全风量大焓差降温除湿的目的。同时该采区集中降温处理装置出风温度与回水温度差约为 0.3~1.1 ℃,也证明该装置换热效率较高,降温除湿效率较高。另外在处理风量为 1 600.0 m³/min 左右时,风阻不大于 14.0 Pa,对矿井通风系统平衡影响较小,不需要额外设置空调器等大型局部通风机,简化了系统、降低了投资,也给该项目设备安装及实施提供了便利条件。

6.3.2.2 采区全风量大焓差降温工作面降温效果分析

该项目设计采区集中降温最大处理风量 2 300 m³/min,满足采区开拓后期降温需要,当前被降温采区处于前期开拓阶段,采掘工作面较少,多数工作面处于前期准备阶段,通风量 1 600 m³/min,且自总进风巷集中降温空调硐室出口至首采采煤工作面回风巷出口风流流程长约 3 300 m,相对较短。前期降温运行主要为采区集中降温,后期开拓工作面降温采用采区集中与局部分布式耦合的降温方式以提高效果。采区降温前及降温系统稳定运行后沿风流方向空气温度实测如表 6-7 所示,温度分布如图 6-13 所示。

表 6-7 降温前后采区总进风巷至工作面回风巷实测空气温度

测点位置	采区总进风巷口进风	集中降温出风	降温硐后与漏风混合50 m	工作面进风巷口	进风巷中部	工作面进风前	回风隅角	回风巷中部	回风巷口
距离总进风巷口/m	0	150	200	750	1 550	2 100	2 270	2 770	3 270
降温前温度/℃	29.5	29.6	30.2	31.0	31.2	32.6	33.6	33.4	33.2
降温 24 h 后温度分布/℃	29.4	16.2	18.6	20.4	21.6	23.8	27.0	26.8	26.6
降温 46 h 后温度分布/℃	29.2	16.5	18.4	19.2	21.0	22.8	26.0	26.0	25.8

从降温前后温度分布可见,总进风降温前后温降 13.0 ℃以上,集中降温空调硐室出口温降约为 11.8 ℃,至工作面进风隅角温降为 8.8 ℃,回风巷口温降

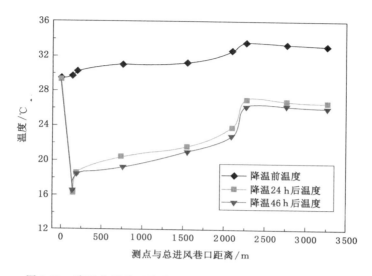

图 6-13 降温前后采区总进风巷至采煤工作面回风巷温度分布

约为 7.4 ℃以上,工作面回风隅角温度最低达到 26.0 ℃,相对于降温前自进风巷至采煤面温度高于 30.0 ℃、回风隅角 33.6 ℃的高温高湿环境,本降温系统稳定运行,满足了工作面生产需要,达到了降温目的,获得了良好的降温效果。同时从实测数据和分析分布图规律可见,空调硐室出口有剧烈温升现象,主要是由进风巷封闭不严密,未降温的高温高湿漏风与空调硐室冷风混合造成的,由此可见,在集中降温过程中空气处理装置前后及其侧旁通风巷临时封闭措施的严密性对降温效果有显著影响。另外降温前工作面送风与回风温差约为 3.7 ℃,而降温后总进风与回风温升达 9.3 ℃,特别是降温初期达 10.4 ℃,主要是因为降温前空气温度与热源温差小,传热量小,而降温后空气温度与巷道围岩、机电设备、胶带运输煤块温差较大,空气温升较快,对降温效果影响显著。因此,采区开拓后期,通风距离较远,冷空气温升显著,降温效果受到严重影响,有必要采用采区集中与工作面局部相结合的分布式降温方案。

6.4 本章小结

本章针对邯郸市梧桐庄矿地温异常高温高湿采区的热害特点,基于"深地层输冷、采区集中降温"的整体思路,系统分析深地层长距离复合结构保温输冷管输冷、采区集中降温的影响因素与工作机理,研发了"地面制冷-深地层长距离钻孔输冷-采区集中降温"的新技术,并通过工程实施与运行进行了实测分析。

（1）基于理论与实验研究的穿越深地层钻孔多层结构安装冷水输送管路技术为工程顺利实施提供了可靠的理论基础与设计依据，确保了输冷管道的稳定性和可靠性，工程实施稳定运行 10 h 后，输冷供水管与回水管冷水温升逐渐趋于稳定，24 h 后冷损失低于 13％，且随着运行时间延长温升仍缓慢减小，有效缩短了复杂高温地层对冷水输送温升的影响时间，保证了低温冷水输送品质。并且采用该方案可就近深部开采高温采区地面设置制冷或者散热站，有效缩短了输冷距离，提高了降温系统整体能效。

（2）基于大焓差降温除湿模拟装置的热湿交换机理与实验研究设计并定制加工了采区集中全风量大焓差降温装置。工程实测表明该装置能实现 13.2 ℃温降、44.0 kJ/kg(a)焓降、出风温度低（与喷水终温温差 0.3～1.1 ℃）、风阻不大于 14.0 Pa，对矿井通风系统平衡影响较小，证明该装置能实现大风量降温除湿且降温除湿效率高。

（3）通过实施"地面制冷-深地层长距离钻孔输冷-采区集中降温"新技术，形成了完整的降温系统，系统可靠稳定，采用深钻孔方案较常规冷水管布置方式可缩短冷水管 4 752 m，且输冷效率高，稳定运行 46 h 后，输冷损失低于 12.0％，并且随着运行逐渐降低，采区总进风降温前后温降 13.0 ℃以上，至工作面进风隅角温降为 8.8 ℃、回风巷口温降约为 7.4 ℃以上，工作面回风隅角温度达到 26.0 ℃，满足工作面降温需求，实现了缩短输冷距离、减少输冷损失、提高降温效果的目标，表明新技术具有可行性、实用性和高效性。

7　主要结论与展望

7.1　主要结论

本书基于邯郸市梧桐庄矿深部采区的地层条件及矿井热害特征,针对该矿井通风距离远、输冷距离长和输冷损失大等问题,提出了"地面制冷-深地层长距离钻孔输冷-采区集中降温"的新思路,通过理论建模与仿真、模型实验、现场实测等手段,开展了深井长距离钻孔输冷采区集中降温理论与应用研究。主要结论如下:

(1) 针对输冷管与周围岩土传热导致的冷量损失问题,设计了保温输冷管新型复合结构,建立了复合结构保温输冷管内冷水与岩土传热的解析模型,分析了冷水温度随输送时间、水流速度、入口温度和输冷管保温材料的变化规律,研究结果可为优化冷水输送参数和复合结构输冷管充填材料提供理论依据。结果表明,管内冷水温升随输送时间推移先急剧升高后逐渐减小并趋于稳定,在 1 h 时流体温升最高,约为 0.15 ℃,而随着时间的增加,温升逐渐减小;增加入口水温,输冷管末端出口冷水温升略有下降;增加管内冷水流速或降低保温砂浆导热系数,管内水温温升沿管长有所降低。鉴于输冷管冷水入口水温与水流速度由矿井降温技术需要决定,在工程应用中可通过降低输冷管外侧的保温砂浆导热系数来有效减少输冷管冷量损失。

(2) 针对穿越深地层长距离钻孔输冷过程中可能发生输冷管断裂引起的脱层和漏水等问题,通过开展单轴压缩试验和巴西劈裂力学试验得到了充填砂浆抗压和抗拉性能,基于数字图像分析获得了充填砂浆表面最大主应变场分布规律,建立了 FLAC³ᴰ 有限差分模型并开展了不同应力条件下长距离复合结构保温输冷管稳定性研究,为后续工程设计与实施及安装后安全稳定运行提供理论依据。结果表明,地应力小于等于 12.0 MPa 时,材料未出现塑性破坏;大于 12.0 MPa 时,塑性率总体呈现线性增大的趋势,在 15.0 MPa 和 17.5 MPa(此值约为−520 m 时输冷管所受地应力大小)情况下,保温输冷管存在部分塑性区,但是塑性区主要出现在普通水泥浆和泡沫水泥浆充填材料处,且塑性区域较小,不影响保温输冷管的正常运行。在此基础上,构建了输冷管内外侧充填砂浆的塑性破坏率和应力与保温管参数的公式。

(3)针对复杂地层环境下的复合结构保温输冷管参数优化问题,利用COMSOL构建了复合渗流地层输冷管传热模型,结果表明,输冷管内冷水温升在1.0 h内变化明显,而后温升减小且变化趋于平稳,在5.0 h后温度变化趋势基本稳定。研究了3种不同填充物方案下保温输冷管的传热特性,综合保温和经济性能确定了内层充注泡沫水泥浆-外层充注固管堵水普通水泥浆作为复合结构保温输冷管填充优选方案。渗流区的存在使进水管冷水温升在30 d(720 h)后才有些许下降,60 d(1 440 h)后趋于稳定,温升不大于0.85 ℃,即渗流区的存在会导致输冷管局部较大热损失,显著降低输冷管输冷效果。

(4)提出了全风量大焓差集中降温的新思路,基于大焓差降温除湿装置的热湿交换机理,搭建了两级喷淋全风量大焓差降温除湿实验系统,开展了不同喷淋压力和冷水温度下喷嘴对喷和顺喷两种方式的降温除湿效果研究,解决了不同类型大焓差降温除湿性能测试难题。实验表明,对喷方式与顺喷方式的降温除湿性能均满足不同热害等级的采区降温需求,两级喷淋全风量大焓差降温除湿装置对喷淋水供水温度的适应性较强。根据实验结果确定了对喷和顺喷方式下热交换效率及热接触系数的经验公式,计算了热交换效率和热接触系数,结果表明,对喷方式的热交换效率和热接触系数分别为0.952和0.988,而顺喷方式的热交换效率和热接触系数分别为0.936和0.978。综上,对喷方式的降温除湿效果稍优于顺喷方式。

(5)基于穿越深地层复合结构保温输冷传热与力学性能及全风量大焓差集中降温关键技术与装置实验研究结论,针对实际矿井深部开采热害采区基本条件,研发了"地面制冷-深地层长距离钻孔输冷-采区集中降温"的新技术,提出并优化设计了降温方案,确定了深部开采高温采区降温地面制冷穿越深地层输冷管道结构及钻孔施工工艺与方案,研究加工了采区全风量集中大焓差降温除湿装置,并通过矿井降温工程实施及运行进行了实测验证。结果显示,采用深钻孔方案较常规冷水管布置方式可缩短冷水管4 752 m,且输冷效率高,稳定运行46 h后输冷损失低于12.0 %,并且随着运行逐渐降低,采区总进风降温前后温降13.0 ℃以上,至工作面进风隅角温降为8.8 ℃、回风巷口温降约为6.6 ℃以上,工作面回风隅角温度达到26.0 ℃,满足工作面降温需求,实现了缩短输冷距离、减少输冷损失、提高降温效果的目标,表明新技术具有可行性、实用性和高效性。

7.2　展望

矿山深井热害治理是一项颇为复杂的系统工程,本书仅针对邯郸市梧桐庄矿进行了初步的探究,由于赋存环境的复杂性及矿井热害源的多元化,还有诸多问题需要进一步深究:

(1)深井长距离输冷过程中,实际地层环境较复杂、影响因素较多,本书仅考虑了多地层及渗流情况,其他影响因素应详细分类,一并考虑。

(2)书中的力学性能测试是在相对较窄的特定条件下进行的,后续研究应该综合考虑材料所受采动、地层塌陷等相关因素的影响。

(3)书中输冷管的保温与固管材料的选择只是进行了初步尝试,后续可以在目前基础上进行优化,可增加考虑钢塑复合管及考虑管道的耐久性等因素。

(4)书中对深井长距离输冷管冷损失的数值计算研究仅仅是初步研究,后续应该优化模型,多设置模拟方案,特别是在渗流对输冷损失的影响方面做更深入的研究。

(5)书中全风量大焓差冷却除湿实验系统的实验参数需尽可能地与井下状态接近,但是在实验室环境下,很难达到井下状态,特别是未考虑煤粉影响的因素,后续实验需要进一步改进实验测控装置,精确控制喷水水温及空气温度,并加入粉尘的相关参数,做好系统的保温,提高实验的精度。

(6)对矿井降温系统的降温成效预测的软件需要进一步开发,在综合考虑井上、输冷、井下及工作面实际工况等情况下,提高对系统降温成效的预测快捷及准确性能。

(7)全风量大焓差冷却除湿装置的小型化及成套化是矿井降温的迫切需求,实现该装置的批量国产化还需要进行更深入的研究,亦为后续的重点研究方向之一。

参 考 文 献

［1］龙腾腾.高温独头巷道射流通风热环境数值模拟及热害控制技术研究［D］.长沙：中南大学,2008.

［2］吴兆吉,周秀隆,张世良.加大矿井高温热害治理力度 提高千米深井煤矿安全生产水平［C］//中国煤炭工业协会,山东能源新汶矿业集团.全国煤矿千米深井开采技术.徐州：中国矿业大学出版社,2013:313-318.

［3］左前明,程卫民,苗德俊,等.基于热害对人影响的高温矿井热环境模糊综合评价［J］.煤矿安全,2009,40(7):86-89.

［4］刘卫东.高温环境对煤矿井下作业人员影响的调查研究［J］.中国安全生产科学技术,2007,3(3):43-45.

［5］李瑞.深井掘进巷道热灾害预测模型研究［D］.西安：西安科技大学,2009.

［6］亓晓.矿井热环境预测方法研究及数值模拟系统开发［D］.青岛：山东科技大学,2010.

［7］何满潮,徐敏.HEMS深井降温系统研发及热害控制对策［J］.岩石力学与工程学报,2008,27(7):1353-1361.

［8］褚召祥.我国煤矿高温热害防治需求调查分析［J］.煤矿安全,2016,47(4):199-202.

［9］王希然,李夕兵,董陇军.矿井高温高湿职业危害及其临界预防点确定［J］.中国安全科学学报,2012,22(2):157-163.

［10］潘黎.煤矿工作面冷却除尘设备的性能实验研究［D］.天津：天津大学,2007.

［11］童兴.高温煤矿作业人员热反应规律及热应激计算评价模型研究［D］.北京：中国矿业大学(北京),2018.

［12］刘忠宝,王浚,张书学.高温矿井降温空调的概况及进展［J］.真空与低温,2002,8(3):130-134.

［13］贾晶.供冷管道与设备保冷计算和分析［D］.哈尔滨：哈尔滨工业大学,2006.

［14］杨世铭,陶文铨.传热学［M］.3 版.北京：高等教育出版社,1998.

［15］姜鑫,姚银佩,王志,等.冷冻水输送过程中冷损的研究［J］.采矿技术,2020,20(2):96-98.

[16] 胡春胜.矿井空调系统中输冷管道的热力计算方法[J].煤矿设计,1990,22(8):41-44.

[17] 叶叙江.冷冻管道绝热层经济厚度的确定[J].现代节能,1991,6(4):20-22.

[18] 路延魁.保冷绝热层经济厚度的探讨[J].洁净与空调技术,2001(1):12-15.

[19] 关志强.制冷管道隔热层的厚度计算[J].冷藏技术,1995,18(1):31-34.

[20] 甘正德.探究制冷空调系统中保冷材料的技术经济评价[J].中外企业家,2019(35):195.

[21] 张欢,陈汝东.直埋敷设冷水管道的保温性能分析[J].制冷技术,2009,29(3):53-56.

[22] 张林,杜伯超,桂开文.矿井制冷系统管道保冷技术的研究[J].湘潭矿业学院学报,1992,7(增刊):23-30.

[23] 李方政,张松,崔兵兵,等.PVC管低温传热特性及高效输冷应用研究[J].建井技术,2017,38(1):18-23.

[24] 赵旭光.煤矿深孔冷却水输送传热及其在矿井降温中的应用研究[D].徐州:中国矿业大学,2014.

[25] GAO T,YUE F T,SUN M,et al.Simulation study on heat loss from long-distance vertical-buried pipes in cooling system of heat hazard mine[J].Energy sources,part A:recovery,utilization,and environmental effects,2020:1-18.

[26] SUN M,XIA C C,ZHANG G Z.Heat transfer model and design method for geothermal heat exchange tubes in diaphragm walls[J].Energy and buildings,2013,61:250-259.

[27] 张立新.高温矿井温度场演化规律与降温技术研究[D].阜新:辽宁工程技术大学,2014.

[28] 岑衍强,侯祺棕.矿内热环境工程[M].武汉:武汉工业大学出版社,1989.

[29] LEE W H K.Terrestrial Heat Flow[M].Washington,D.C.:American Geophysical Union,1965.

[30] 吴先瑞,彭毓全.德国矿井降温技术考察[J].江苏煤炭,1992(4):8-11.

[31] DE LAMBRECHTS J V.The estimation of ventilation air temperatures in deep mines[J].Journal of the Chemical,Metallurgical and Mining Society of South Africa,1950,3:225-227.

[32] 王启晋.南非金矿的降温技术[J].有色金属(采矿部分),1977(6):52-57.

[33] 淮南矿务局九龙岗矿,辽宁省煤炭研究所.淮南九龙岗矿矿井降温试验[J].煤矿安全,1976,7(5):14-34.

[34] 黄尚瑶,汪集旸.地热研究现状及其发展趋势[J].水文地质工程地质,1979,6(4):36-42.

[35] 侯祺棕,苏昌福.矿井热害的防治[J].煤矿设计,1978,10(6):29-33.

[36] 陈宇奇.峒室围护结构与风流绝对热源作用的探讨[J].新疆有色金属,1988,11(4):1-7.

[37] 郁家清,兰贵枝.三河尖矿井下降温工程设计浅析[J].煤矿设计,1988,20(5):13-17.

[38] 侯祺棕,岑衍强,胡春胜.矿区恒温带参数的确定及理论分析[J].武汉工业大学学报,1988,10(1):35-42.

[39] 李惠娟.高温矿井的井下空气调节[J].河北煤炭建筑工程学院学报,1986,3(1):107-111.

[40] 曹念忠,刘学强.深井降温的设计与实施[J].煤炭科学技术,1986,14(1):15-19,64.

[41] 肖黎明.高温基建矿井降温措施的实践和探讨[J].江苏煤炭科技,1985(1):1-11.

[42] VAN DER WALT J,KOCK E M.Developments in the engineering of refrigeration installations for cooling mines[J].International journal of refrigeration,1984,7(1):27-40.

[43] 福斯,康清生.高温矿井降温新成果[J].河南煤炭,1984(2):58-68.

[44] 黄明福.矿井降温技术的最新发展[J].煤矿安全,1983(9):38,45-52.

[45] 肖黎明,杨士凯.当前国内高温矿井热害状况及其防治措施[J].江苏煤炭科技,1982,7(4):28-35.

[46] 刘恩充.矿井制冷降温中采用自然冷却的实践[J].有色金属(矿山部分),1981(6):30,39-41.

[47] 中国科学院地质研究所.矿山地温评定与矿井降温技术[R].北京:中国科学院地质研究所,1981.

[48] 陈代龙.高温矿井制冷降温[J].冶金安全,1980,6(3):23-25.

[49] 平顶山矿务局.矿井降温技术研究情况[J].煤矿安全,1980,11(2):36.

[50] 周世宁.用电子计算机对两种测定煤层透气系数方法的检验[J].中国矿业学院学报,1984(3):38-47.

[51] 舍尔巴尼.矿井降温指南[M].黄翰文,译.北京:煤炭工业出版社,1982.

[52] STARFIELD A M,DICKSON A J.A study of heat transfer and moisture pick-up in mine airways[J].Journal of the South Africa Institute of Mining and Metallurgy,1967,67:211-234.

［53］ STARFIELD A M.The computation of temperature increases in wet and dry airways［J］.Journal of the Mine Ventilation Society of South Africa，1966，19：157-165.

［54］ VOSTKR，SC B，SC M.Variation in air temperature in a across-section of an underground airway［J］.Journal of the South African Institute of Mining and Metallurgy，1976(12)：455-460.

［55］ 黄翰文.矿井风温预测的探讨［J］.煤矿安全，1980，11(8)：7-16.

［56］ 张晓云.超深矿井集中降温冷源关键技术研究［D］.武汉：武汉理工大学，2009.

［57］ 瓦斯通风防灭火安全研究所.矿井降温技术的 50 年历程［J］.煤矿安全，2003，34(增刊)：28-32.

［58］ 岑衍强，胡春胜，侯祺棕.井巷围岩与风流间不稳定换热系数的探讨［J］.阜新矿业学院学报，1987，6(3)：105-114.

［59］ 平松良雄.通风学［M］.刘运洪，等译.北京：冶金工业出版社，1981.

［60］ INOUE M，UCHINO K I.New practical method for calculation of air temperature and humidity along wet roadway：the influence of moisture on the underground environment in mines (2rd Report)［J］.Journal of the Mining and Metallurgical Institute of Japan，1986，102(1180)：353-357.

［61］ INOUE M，UCHINO K I.Improved practical method for calculation of air temperature and humidity along wet roadway：the influence of moisture on the underground environment in mines(3rd Report)［J］.Journal of the Mining and Metallurgical Institute of Japan，1990，106(1)：7-12.

［62］ 严荣林，侯贤文.矿井空调技术［M］.北京：煤炭工业出版社，1994.

［63］ STARFIELD A M，BLELOCH A L. A new method for the computation of heat and moisture transfer in a partly wet airway［J］.Journal of the South Africa Institute of Mining and Metallurgy，1983，83：263-269.

［64］ 杨胜强.高温矿井风流热力参数程序设计及分析［J］.煤矿现代化，1994(1)：18-19.

［65］ XU Z Y，WANG Y M.Study on optimum ventilation networks using non-linear programming techniques［C］//Proceedings of the US Mine Ventilation Symposium，May 3-5，1991，West Virginia University，Morgantown：West Virginia.［S.l.：s.n.］，1991：440-444.

［66］ MCPHERSON M J.Subsurface ventilation and environmental engineering［M］.London：Chapman ＆ Hall，1993.

［67］ TOMITA S.Full-scale model experiment on the airflow at a driving face with forcing auxiliary ventilation［D］.Fukuoka：Kyushu University,1995.

［68］ SHEER T J.Investigations into the use of ice for cooling deep mines［J］. South African Institute of Refrigeration and Air Conditioning Frigair, 1983：11-31.

［69］ SHEER T J,CILLIERS P F,CHAPLAIN E J,et al.Some recent development in the use of ice for cooling mines［J］.Journal of the Mine Ventilation Society of South Africa,1985,38(6)：67-68.

［70］ DOHMEN A,HAGEN G. Strategies for improvement of the thermal environment in deep coal mines［C］//Proceedings of the 4th US Mine Ventilation Symposium. Berkeley：[s. n.],1993：121-128.

［71］ KARFAKIS M G,BOWMAN C H,TOPUZ E.Characterization of coal-mine refuse as backfilling material［J］.Geotechnical & geological engineering,1996,14(2)：129-150.

［72］ 张占荣.国外矿井深部开采的有关问题及其解决的技术途径（二）［J］.矿业译丛,1988,1：38-42.

［73］ 约阿希姆·福斯.矿井气候［M］.刘从孝,译.北京：煤炭工业出版社,1989.

［74］ MOLONEY K W,LOWNDES I S,STOKES M R,et al.Studies on alternative methods of ventilation using computational fluid dynamics (CFD), scale and full scale gallery tests［C］//Proceedings of the 6th International Mine Ventilation Congress,May 17-22,1997.[S.l.：s.n.]：1997：497-503.

［75］ 胡汉华.深热矿井环境控制［M］.长沙：中南大学出版社,2009.

［76］ 杨德源,杨天鸿.矿井热环境及其控制［M］.北京：冶金工业出版社,2009.

［77］ LOWNDES I S,PICKERING S J,TWORT C T.The application of exergy analysis to the cooling of a deep UK colliery［J］.Journal of the South African Institute of Mining and Metallurgy,2004,104(7)：381-396.

［78］ HE M C,CAO X L,XIE Q,et al.Principles and technology for stepwise utilization of resources for mitigating deep mine heat hazards［J］.Mining science and technology (China),2010,20(1)：20-27.

［79］ PING Q,HE M C,MENG L,et al.Working principle and application of HEMS with lack of a cold source［J］.Mining science and technology (China),2011,21(3)：433-438.

［80］ 孙希奎,李学华,程为民.矿井冰水冷辐射降温技术研究［J］.采矿与安全工程学报,2009,26(1)：105-109.

［81］张灿.冰输冷降温系统的研究与应用［D］.泰安:山东科技大学,2006.

［82］毛淑丽.冰输冷降温系统原理及设计计算研究［D］.泰安:山东科技大学,2007.

［83］吴继忠,刘祥来,姚向东,等.孔庄煤矿集中降温方案的选择与优化［J］.中国工程科学,2011,13(11):59-67.

［84］魏京胜,岳丰田,杜晓丽,等.多功能变工况热泵机组制冷系统优化设计与应用［J］.煤炭工程,2014,46(1):36-40.

［85］岳丰田,刘存玉,魏京胜,等.建井期间矿井降温系统能耗分析与优化［J］.煤炭科学技术,2014,42(4):57-60.

［86］高涛,岳丰田,魏京胜,等.矿井降温排热蓄热与变工况热泵集成系统研究［J］.煤炭工程,2017,49(7):118-121.

［87］王成,杨胜强.矿井降温措施综述［J］.能源技术与管理,2008,33(1):15-17.

［88］辛嵩.矿井热害防治［M］.北京:煤炭工业出版社,2011.

［89］黄寿元,刘辉,林育华.热害矿井降温技术研究及应用［J］.制冷与空调,2012,26(5):444-449.

［90］杨丽,陈宁,刘方,等.矿井降温的新方法［J］.煤矿机械,2008,29(6):140-143.

［91］冯兴隆,陈日辉.国内外深井降温技术研究和进展［J］.云南冶金,2005,34(5):7-10.

［92］袁亮.淮南矿区矿井降温研究与实践［J］.采矿与安全工程学报,2007,24(3):298-301.

［93］刘何清,吴超,王卫军,等.矿井降温技术研究述评［J］.金属矿山,2005(6):43-46.

［94］周静,刘锡明,张国华.黑龙江省煤矿高温热害分析及防治措施［J］.中国矿业,2009,18(5):104-106.

［95］宋虎堂.空冷器管束设计制造中的几个问题［J］.化工设备设计,1999,36(1):24-26.

［96］刘岸,姜勇,要丰伟.空冷程控系统改造探讨［J］.电力学报,1999,14(4):245-247.

［97］程卫民,陈平.我国煤矿矿井空调的现状及亟待解决的问题［J］.暖通空调,1997,27(1):17-19.

［98］孙星.新型自洁净式矿用空冷器的研发与应用［D］.青岛:山东科技大学,2011.

［99］刘彩霞,邹声华,张登春.风流流速对矿用空冷器换热影响的数值模拟［J］.

矿业工程研究,2013,28(1):39-42.

[100] 刘彩霞.外表面污垢对矿用空冷器换热性能影响的研究[D].湘潭:湖南科技大学,2013.

[101] 褚召祥,辛嵩,王伟,等.矿井压气蒸发冷却降温技术在煤矿的应用[J].矿业快报,2008,24(11):96-98.

[102] 王长元,张习军,姬建虎.论矿井热害治理技术[J].矿业安全与环保,2009,36(2):62-64.

[103] 李泳海.空冷器散热管修补程序探讨[J].石油化工建设,2007,29(1):51-52.

[104] 杨天麟.煤矿工作面专用空气冷却器的研究与开发[D].天津:天津大学,2007.

[105] 杜春涛.矿井回风喷淋换热器气液两相流仿真及实验研究[D].北京:中国矿业大学(北京),2014.

[106] 张琳邡.矿井移动式冰蓄冷空调设计与实验研究[D].徐州:中国矿业大学,2012.

[107] 孙瑞玉.矿用喷淋式空冷器的结构与性能研究[J].中州煤炭,2015(9):85-88.

[108] 邓鹏.矿用喷淋式空冷器在特定矿井的应用研究[J].内蒙古煤炭经济,2018(18):57-58.

[109] 吴增伟,贾鹏,周凤兰.煤矿工作面专用空气冷却器的研究与开发[J].煤矿机械,2014,35(6):139-141.

[110] 苗德俊,常德化,曹毅,等.新型矿用降温除湿设备的研发及应用[J].煤炭技术,2016,35(3):238-239.

[111] 张习军.集中冷却矿井风流的直接接触式喷淋热交换系统[J].煤炭技术,2015,34(9):222-225.

[112] 付京斌,陈晓永.高温矿井区域大焓差集中降温技术应用研究[J].煤炭与化工,2020,43(6):97-99.

[113] 范振忠,朱晓彦,王元明,等.矿井回风热能提取装置:200720043354.X[P].2008-10-15.

[114] 权犇,王晓晴.矿井回风余热全回收利用装置:200920021263.5[P].2010-01-13.

[115] 王玉怀,张军,牛永胜,等.一种矿井回风综合处理扩散塔:201020202327.4[P].2011-03-23.

[116] 黄炜,岳丰田,高峰,等.矿用移动式冰蓄冷空调:201010602446.3[P].

2011-04-13.

[117] 王建学,王景刚,裴伟,等.一种矿井回风换热器性能检测试验系统及其使用方法:201210464698.3[P].2014-12-10.

[118] 王建学,牛永胜,孟杰.一种带喷淋除尘的直接蒸发式矿井回风源热泵系统:201320823897.9[P].2014-06-18.

[119] 王建学,孟杰,索金莉.一种喷淋式矿井回风换热器性能评价指标的确定方法:201510505857.3[P].2015-12-09.

[120] 牛永胜,邓先发,崔颖,等.矿井降温与热能利用的综合系统:201710691884.3[P].2017-10-27.

[121] 鲍玲玲,赵阳,赵旭,等.一种自适应控制的矿井回风余热回收供热系统:201810683212.2[P].2018-10-26.

[122] 宋世果,谢峤,李丁丁,等.矿井乏风余热混合式取热热泵系统:201310703758.7[P].2014-04-02.

[123] 仲继亮.一种充分利用矿井回风余热的装置:201420101993.7[P].2014-07-16.

[124] 孟杰,王建学,牛永胜.一种低风温工况矿井回风源热泵系统及其运行方式:201410198662.4[P].2014-09-03.

[125] 王建学,孟杰,牛永胜.一种流体动力式矿井回风换热器:201420802248.5[P].2015-06-17.

[126] 王建学,李苏龙,平建明,等.一种煤矿双热源热能利用系统及其运行方式:201510493350.0[P].2015-12-23.

[127] 王建学,牛永胜,孟杰.一种矿井回风热能梯级利用系统及其运行方式:201610005759.8[P].2016-04-13.

[128] 吕申磊,黄峰青,李健,等.矿井回风余热回收利用装置:201420832596.7[P].2015-06-03.

[129] 朱晓彦,戴玉霞,苏明强.等.一种自吸喷淋式换热塔与矿风换热联合供暖系统:201711439829.1[P].2018-04-27.

[130] 徐广才,袁晓丽,程首亮.一种高效矿井回风间接井筒防冻装置:201910290055.3[P].2019-06-07.

[131] 鲍玲玲,陈凯,王晓明,等.一种矿井井口防冻系统:201920990606.2[P].2020-02-18.

[132] 陈学锋,雷浩,王衡,等.矿井回风余热回收利用装置:201921592181.6[P].2020-05-26.

[133] 庞华英,王敏庆.一种高效低阻力矿井回风换热器:201921866778.5[P].

2020-07-03.

[134] 潘香宇.一种矿井回风余热全回收利用装置:202021096196.6[P].2021-06-04.

[135] SHI X Y,ZHOU W,CAI Q X,et al.Experimental study on nonlinear seepage characteristics and particle size gradation effect of fractured sandstones[J].Advances in civil engineering,2018,2018:8640535.

[136] 赵荣义,范存养,薛殿华,等.空气调节[M].4 版.北京:中国建筑工业出版社,2009.

[137] 颜苏芊.靶式撞击流喷水室对空气热湿处理和喷嘴流场模拟研究[D].西安:西安建筑科技大学,2011.

[138] 张寅平,张立志,刘晓华,等.建筑环境传质学[M].北京:中国建筑工业出版社,2006.